L'homme et son ancêtre

: une étude sur l'évolution

Charles Morris

Writat

Cette édition parue en 2023

ISBN : 9789359258362

Publié par
Writat
email : info@writat.com

Contenu

PRÉFACE ....- 1 -

I ÉVOLUTION CONTRE CRÉATION ....- 2 -

II VESTIGES DE L'ASCÈNE DE L'HOMME ....- 4 -

   NOTES DE BAS DE PAGE : ....- 12 -

III RELIQUES DE L'HOMME ANCIEN ....- 13 -

IV DU QUADRUPÈDE AU BIPÈDE ....- 23 -

V LA LIBERTÉ DES ARMES ....- 31 -

VI LE DÉVELOPPEMENT DE L'INTELLIGENCE ....- 39 -

VII L'ORIGINE DU LANGAGE ....- 56 -

VIII COMMENT LE GOUFFRE A ÉTÉ COMBLIÉ ....- 62 -

IX LA PREMIÈRE ÉTAPE DE L'ÉVOLUTION HUMAINE ..- 72 -

X LE CONFLIT AVEC LA NATURE ....- 87 -

XI GUERRE ET CIVILISATION ....- 107 -

XII L'ÉVOLUTION DE LA MORALITÉ ....- 113 -

XIII LA RELATION DE L'HOMME AU SPIRITUEL ....- 124 -

PRÉFACE

Il serait difficile de trouver une personne intelligente à cette époque du monde qui n'ait pas une théorie ou une opinion sur l'origine de l'homme, et peut-être presque aussi difficile de trouver une telle personne qui puisse donner une raison bonne et suffisante pour expliquer l'origine de l'homme. la foi qui est en lui. C'est particulièrement le cas de ceux qui considèrent l'homme comme un produit de l'évolution, une excroissance naturelle du monde de la vie inférieure, car ici la simple foi ou l'autorité ancienne ne suffisent pas, comme dans l'hypothèse de la création, mais des preuves scientifiques et un argument logique. sont nécessaires. C'est pour permettre à cette classe de lecteurs de tester la qualité et la suffisance de leur croyance que ce livre a été préparé.

La question de l'origine évolutive de l'homme n'a en aucun cas été négligée par les auteurs récents, mais elle a été traitée principalement comme une question secondaire dans des travaux ayant un objectif plus étendu et en grande partie dans un langage technique, simple pour le scientifique, mais difficile à comprendre. au lecteur général. Le seul ouvrage qui fait de ce sujet son thème principal, "La Descendance de l'Homme" de Darwin, y ajoute un traité encore plus long sur la "Sélection sexuelle [vi] ", de sorte que l'on ne peut pas dire que le sujet de l'origine évolutive de l'homme ait déjà été traité. avec pour lui seul. En outre, l'œuvre de Darwin date aujourd'hui de près de trente ans et est, dans cette mesure, désuète, alors qu'au mieux elle ne peut pas être considérée comme aussi adaptée à une lecture générale.

Ces considérations ont donné naissance au présent ouvrage, dans lequel on s'est efforcé de présenter le sujet de l'origine de l'homme de manière populaire, de s'attarder sur les différents faits significatifs découverts depuis l'époque de Darwin et de proposer certaines lignes de réflexion. des preuves jamais présentées auparavant à cet égard et qui semblent ajouter beaucoup de force à l'argument général.

Le sujet est d'un tel intérêt qu'il est probable qu'une présentation claire et brève de celui-ci sera acceptable, à la fois pour permettre à ceux qui sont en principe évolutionnistes de savoir sur quelles bases repose leur acceptation de cette phase de l'évolution, et pour aidez ceux qui sont en mer sur tout le sujet de l'origine de l'homme à parvenir à une conclusion définitive. C'est dans ce but que ce petit livre a été lancé, dans l'espoir qu'il puisse transporter certains sceptiques vers la terre ferme et enseigner à certains croyants les éléments fondamentaux de leur foi.

I
ÉVOLUTION CONTRE CRÉATION

Dans toute considération sur l'origine de l'homme, nous sommes nécessairement limités à deux points de vue : l'un, selon lequel il est le résultat d'un développement issu des animaux inférieurs ; l'autre, qu'il est né par création directe. Aucun troisième mode d'origine ne peut être conçu, et nous pouvons nous limiter en toute sécurité à l'examen de ces deux affirmations. Ils sont opposés l'un à l'autre en tous points. La doctrine de la création est presque aussi ancienne que l'homme pensant ; la doctrine évolutionniste appartient en effet à notre propre génération. Le premier n'est pas ouvert à la preuve ; ce dernier dépend uniquement des preuves. Le premier est basé sur l'autorité ; ce dernier en enquête. La doctrine de la création directe peut simplement être affirmée, elle ne peut être argumentée ; la déclaration une fois faite, il n'y a plus rien à dire ; c'est une *ipse dixit* pure et simple. La doctrine de l'évolution, au contraire, fondée comme elle doit l'être sur des faits établis, est pleinement ouverte à la discussion et dépend, pour être acceptée, de la force et de la validité des preuves en sa faveur.

Si la doctrine de la création directe de l'homme avait été présentée à l'origine de nos jours, la preuve de cette affirmation aurait été immédiatement exigée, et la seule preuve admissible aurait été celle des témoins de l'acte de création. Bien sûr, il ne pourrait y avoir eu aucun témoin humain, tout comme il n'y aurait pas eu d'êtres humains antérieurs, et les témoins non humains n'ont, de nos jours, aucune qualité pour agir devant nos tribunaux. Dans l'état actuel des choses, cependant, la doctrine est née à une époque où l'homme ne se préoccupait pas des preuves, mais se contentait d'accepter ses opinions fondées sur l'autorité ; et cela, assez étrangement, est considéré par beaucoup comme un point fort en sa faveur, car il tire, dans leur esprit, son authenticité de l'Antiquité. On prétend, en effet, qu'elle est soutenue par l'autorité divine, mais c'est une affirmation qui n'a aucune garantie dans les mots de la déclaration elle-même, et qu'aucune forme de mots ne pourrait garantir. Pour l'établir, il faudrait une preuve directe et incontestable de la puissance créatrice elle-même, et il est à peine besoin de dire qu'une telle preuve n'existe pas. Il n'est en effet pas facile de concevoir quelle forme pourraient prendre de telles preuves. Il faudrait certainement que ce soit quelque chose de bien plus convaincant qu'une déclaration dans un livre.

Il aurait peut-être été préférable pour l'humanité civilisée que les premières pages de la Genèse n'aient jamais été écrites, car elles ont joué un rôle puissant dans le contrôle du développement de la pensée. Dans l'état actuel des choses, les doctrines cosmologiques qu'elles contiennent ne peuvent plus revendiquer ne serait-ce que l'ombre d'une autorité divine, puisqu'elles remontent clairement à une origine humaine. On a récemment découvert qu'il s'agissait simplement d'une reformulation de la cosmologie babylonienne, telle qu'elle est donnée dans une production littéraire plus ancienne que la Bible, un poème épique d'une date très lointaine. Elles sont, sans aucun doute, une excroissance des idées cosmologiques des premiers hommes, et ceux qui les acceptent doivent le faire sur la base de la croyance en leur probabilité ; il n'est plus permis de revendiquer pour eux la garantie d'une origine divine.

La science moderne exige rigoureusement des faits pour étayer toute affirmation, le mot « foi » n'ayant pas sa place dans son lexique. Les faits manquent absolument et nécessairement à l'appui de la doctrine de la création, et le seul argument que ses partisans peuvent avancer est un argument négatif et exigeant son acceptation au motif que la doctrine opposée n'a pas été prouvée. Un tel argument est sans valeur. La réfutation d'une affirmation n'est jamais la preuve d'une autre. Son effet est simplement de laisser les deux éléments non prouvés et, par conséquent, ni l'un ni l'autre ne sont en état d'être acceptés. Dans le cas présent, le poids de la réfutation est faible. Les faits à l'appui de l'hypothèse de l'évolution sont innombrables, et nombre d'entre eux sont d'une grande force ; les faits contre cela sont peu nombreux, et aucun d'entre eux n'est absolu. Il est simplement avancé que certaines questions restent sans réponse et qu'il existe des faits qui semblent incompatibles avec la théorie darwinienne du développement et qu'aucune hypothèse supplémentaire n'a expliquée. Mais aucun partisan de l'évolution ne considère la théorie darwinienne comme définitive. L'évolution est une doctrine en pleine expansion. Il n'a cessé de se développer depuis sa première promulgation. Diverses difficultés apparentes ont été expliquées, et il est fort possible que toutes disparaissent à mesure que l'enquête s'élargit. Aucun argument de ce genre n'ajoute de poids à l'opinion opposée, qui n'a pas et ne pourra jamais avoir de valeur scientifique, puisqu'il est impossible d'invoquer des faits pour la soutenir. Nous allons donc l'écarter de tout examen plus approfondi et procéder à l'énoncé de certains faits généraux en faveur de l'hypothèse évolutionniste de l'origine de l'homme.

II
VESTIGES DE L'ASCÈNE DE L'HOMME

Lorsque, il y a quelques siècles, les hommes commencèrent à trouver des restes fossiles d'animaux dans les roches, la doctrine dominante sur la création récente de la terre fut gravement choquée. Les adeptes de l'ancienne théologie ont déployé des efforts acharnés pour expliquer cette circonstance fâcheuse. Les obus trouvés avaient été largués par des pèlerins en route vers Jérusalem ; c'étaient des simulations minérales de coquillages ; ils avaient été créés par la Divinité et placés là où ils se trouvaient ; ils étaient tout sauf ce qu'ils semblaient être, les preuves existantes d'une longue période ancienne de vie animale remontant bien au-delà de la date supposée de création.

Il est à peine besoin de dire que ces explications, en particulier celle selon laquelle Dieu aurait créé des formes fossiles pour tromper l'homme, dans un but incompréhensible, ne pourraient pas être maintenues longtemps. Certaines d'entre elles étaient incompatibles avec les faits, d'autres avec le bon sens, et avec le temps il fut partout admis que la terre était d'une ancienneté lointaine et qu'elle était habitée par des animaux et des plantes depuis des âges incalculables. Sa structure révélait son histoire ; ses annales furent trouvées écrites dans les rochers ; son anatomie était pleine de preuves de son origine.

Lorsque, il n'y a pas si longtemps, les hommes commencèrent à trouver des restes fossiles de structures anciennes dans le corps de l'homme lui-même, la théologie se trouva confrontée à un problème aussi difficile à expliquer, de son point de vue particulier, que celui des fossiles. dans les rochers. De même que ces derniers avaient menacé et finalement réfuté la doctrine de la création spéciale de la terre, de même les premiers attaquèrent la doctrine de la création spéciale de l'homme et l'anéantirent dans l'esprit de nombreux scientifiques éminents. Cela constitue un argument important en faveur de la théorie de l'évolution organique et, en tant que tel, mérite d'être pris en considération ici, comme base appropriée pour notre thème spécial.

Les structures mentionnées peuvent à juste titre être qualifiées de fossiles, car elles présentent de fortes preuves qu'elles sont les restes inutiles de structures qui ont joué un rôle actif dans le corps de certains animaux anciens. Un exemple significatif en est l'appendice vermiforme, tube étroit et aveugle descendant du caecum de l'homme, et nuisible au lieu d'utile, puisqu'il est le siège de la maladie souvent mortelle connue sous le nom d'appendicite. Ce tube, habituellement de trois à six pouces de long et de l'épaisseur d'une plume d'oie, est parfois absent chez l'homme, parfois de taille considérable. Il est assez gros par rapport aux autres intestins de l'embryon humain, mais cesse de croître après un certain stade de développement. Le caecum est extrêmement long chez certains des animaux inférieurs mangeurs de légumes, et l'appendice vermiforme semble être un rudiment de la partie autrefois étendue de cet organe. Il est grand chez les singes anthropoïdes, en particulier chez l'orang, chez lequel il est très long et alambiqué en spirale. Sa survie chez l'homme en tant qu'organe avorté inutile et dangereux est un argument puissant en faveur de sa descendance parmi les animaux inférieurs.

Dans le cerveau de l'homme et de nombreux vertébrés inférieurs, suspendu par deux pédoncules, ou brins de fibres nerveuses , aux thalamis, ou lits du nerf optique, se trouve un petit corps arrondi ou en forme de cœur, d'environ la taille d'un pois. , connue sous le nom de glande pinéale. Il est si dépourvu de toute fonction évidente que Descartes, faute d'explication plus probable de sa présence, lui attribue le noble devoir de servir de siège à l'âme. Des recherches tardives ont permis de mieux localiser cet organe jusqu'à son antre. Il est plus grand chez l'embryon que chez l'homme adulte, plus grand encore chez certains vertébrés inférieurs, et chez certains lézards, on a découvert qu'il existe sous la forme d'un œil dont les parties sont clairement reconnaissables au microscope. Il est placé au milieu du front, entre les autres yeux, et était sans doute un organe actif de la vision chez certains batraciens anciens.

L'œil pinéal, comme on l'appelle aujourd'hui, autrefois utile, longtemps inutile, a persisté sous forme de structure fossile tout au long d'un développement très étendu. On ne saurait demander de preuve plus convaincante que l'homme a acquis son corps par la descendance d'animaux inférieurs que la survie dans le cerveau humain de ce vestige merveilleusement significatif d'un organe autrefois utile. Comme divers autres vestiges d'orgues anciens, il est non seulement inutile mais nuisible. Il grossit parfois et devient le siège de tumeurs volumineuses et compliquées, qui peuvent entraîner la mort par leur compression du cerveau.

Deux autres structures communes à la plupart des animaux vertébrés existent chez l'homme, mais elles ne lui rendent que peu ou pas de services. Il s'agit du thymus et des glandes thyroïdes, structures apparemment vestigiales. Le thymus atteint un développement considérable chez l'embryon et se rétrécit jusqu'à devenir un simple vestige chez l'adulte. Il commence à se former tôt dans la vie de l'embryon sous la forme d'une croissance épithéliale provenant de la gorge et s'étendant du cou jusqu'à la poitrine. Il continue de croître après la naissance, mais commence ensuite à rétrécir et disparaît presque chez l'adulte.

La glande thyroïde a une origine quelque peu similaire, commençant par une croissance interne de la partie inférieure du pharynx et s'étendant jusqu'à la partie inférieure du cou. Il perd ensuite sa connexion avec le pharynx et, à l'âge adulte, se présente sous la forme d'une structure bilobée de chaque côté de la trachée. Comme le thymus, c'est une glande sans canal, abondamment alimentée en vaisseaux sanguins, et possédant un grand nombre de petites cavités tapissées de cellules et contenant une gelée insoluble. Autant qu'il semble, ces deux glandes sont inutiles, ou presque, à l'homme ; ou si la thyroïde rend un service utile , celui-ci est mineur et obscur. Les fonctions qu'il peut avoir pourraient probablement être remplies par certains des autres organes, alors qu'il est positivement préjudiciable en tant que siège du goitre . Cette maladie inesthétique est due à son grossissement, soit par une grande augmentation de ses vaisseaux sanguins, soit par un développement des capsules et une augmentation de la gelée qu'elles contiennent. Le Dr SV Clevenger considère que ces organes ont une origine branchiale ou respiratoire, affirmant qu'il existe de nombreuses raisons de croire qu'il s'agit de branchies rudimentaires. Owen dit que le thymus apparaît chez les vertébrés avec l'établissement du poumon comme organe respiratoire principal ou exclusif. Il manque chez tous les poissons, ainsi que chez les batraciens branchiaux, les sirènes et les protées. La thyroïde apparaît chez les poissons et Gegenbaur pense qu'elle aurait pu être un organe utile aux Tunicata dans leur ancien état d'existence.

Le Dr Clevenger, dans l' *American Naturalist* de janvier 1884, souligne une autre structure curieuse chez l'homme, dont la signification ne semble pas avoir été observée auparavant. C'est un fait étrange et frappant relatif à la formation des veines. Il est bien connu que ces organes possèdent des valvules qui permettent au sang de circuler librement vers le cœur, mais qui résistent à sa descente sous l'action de la gravité, facilitant ainsi son retour depuis les extrémités. La règle est valable chez tous les quadrupèdes, que les veines verticales possèdent des valvules, tandis qu'elles sont absentes des veines horizontales, où elles ne seraient d'aucune utilité. Mais il existe un fait singulier : dans le tronc humain, les valvules se trouvent dans les veines horizontales et sont absentes dans les veines verticales. En d'autres termes, ils existent là où ils sont inutiles au regard de leur objectif apparent et sont absents là où ils seraient utiles.

La seule conclusion que l'on puisse raisonnablement tirer de ce fait étrange est qu'il s'agit ici d'une structure fossilisée, d'une survivance sans fonction. Cela conduit irrésistiblement à conclure que l'homme descend d'un ancêtre quadrupède et que, lorsque son corps a pris la position verticale, la structure des veines, n'étant pas sérieusement préjudiciable, est restée inchangée. Ceux qui étaient verticaux devinrent horizontaux et conservèrent leurs valves désormais inutiles ; celles qui avaient été horizontales devinrent verticales et restèrent dépourvues de valvules. Les veines des bras et des jambes, verticales dans les deux formes, conservaient leurs valvules.

Le Dr Clevenger souligne que les veines intercostales, qui transportent le sang presque horizontalement vers les veines azygos et qui courraient verticalement vers le haut chez les quadrupèdes, possèdent des valvules. Non seulement ces éléments sont inutiles à l'homme, mais, lorsqu'il est couché sur le dos, ils constituent un véritable obstacle à la libre circulation du sang. De la même manière, les veines thyroïdiennes inférieures, dont le sang afflue vers l'innommé, sont obstruées par des valvules au point de jonction.

Nous citons ce qui suit : « Il y a deux paires de valvules dans la jugulaire externe et une paire dans la jugulaire interne, mais, reconnaissant leur inutilité, elles n'empêchent pas la régurgitation du sang ni le passage des liquides vers le haut. Une anomalie apparente existe dans l'absence de valves dans les parties où elles sont le plus nécessaires, comme dans les veines caves , spinales, iliaques, hémorroïdaires et portes. Les veines azygos ont des valvules imparfaites. Placez les hommes à quatre pattes et la loi régissant la présence et l'absence de valvules apparaît immédiatement, applicable, autant que j'ai pu le vérifier, à tous les animaux quadrupèdes et quadrumans : les veines dorsales sont valvulées ; *Les veines céphaliques, ventrad et caudales n'ont pas de valvules.* "

Parmi les rares exceptions à cette règle, il considère les valvules des veines jugulaires comme en voie de devenir obsolètes, et les valvules azygos rudimentaires comme un développement récent. Les valves des veines hémorroïdaires seraient déplacées chez les quadrupèdes, mais leur absence chez l'homme est un défaut grave de son organisation, puisque l'engorgement de sang qui en résulte donne naissance à la maladie pénible connue sous le nom d'hémorroïdes. La présence de valves permettrait d'éviter cela.

Personne ne peut prétendre que cette condition inutile et, dans une certaine mesure, préjudiciable, est le résultat intentionnel de la création. Il ne pourrait en effet y avoir de preuve plus solide que l'homme descende d'un ancêtre quadrupède. Le Dr Clevenger signale d'autres conséquences graves de la position verticale du corps, dont les quadrupèdes sont affranchis. L'un d'eux est le risque de hernie inguinale, ou rupture, qui entraîne de nombreuses souffrances et la mort fréquente chez l'homme. Le prolapsus utérin en est un autre, et un troisième auquel il fait particulièrement allusion est la difficulté de parturition.

Il a été suggéré ci-dessus que la glande thyroïde pourrait avoir une importance fonctionnelle mineure et que le thymus est suffisamment développé dans l'embryon pour être fonctionnel. En ce qui concerne ce dernier point, personne n'est susceptible de soutenir qu'un acte de création directe impliquerait la production d'un organe d'une utilité légère et obscure pour l'embryon et inutile plus tard dans la vie. Il est fort probable que cette glande appartienne à la même catégorie avec d'autres survivances embryonnaires qui restent à signaler. En ce qui concerne la fonction apparente de la thyroïde, on peut dire que la relique survivante d'un ancien organe fonctionnel est tout à fait capable de varier dans sa structure et d'assumer une nouvelle fonction, de valeur mineure, qui, en son absence, serait laissée de côté ou être exécutée par certains des autres organes.

Un exemple très intéressant en est la vessie natatoire du poisson, qui, il y a de bonnes raisons de croire, est la survivance d'une structure ancienne utilisée dans un but tout à fait différent. Il a été développé à l'origine, de l'avis de l'auteur, [1] comme organe respiratoire, dans une classe de poissons semi-amphibies très ancienne, dont descendent les poissons osseux existants. Lorsque ces derniers reprirent l'habitude de respirer par des branchies, cet organe perdit sa fonction originelle et son histoire ultérieure est curieuse et significative. Chez certains poissons modernes, il a complètement disparu. Dans d'autres, il existe sous la forme d'un reste infime et inutile, pas plus gros qu'un pois. Chez beaucoup, elle a été transformée en vessie natatoire et, sous cette forme, remplit une fonction utile, mais sa forme et sa taille varient considérablement. Enfin, dans quelques cas, il conserve dans une certaine mesure sa fonction probablement originale de respiration aérienne. C'est un fait très significatif que les poissons qui n'ont pas de vessie natatoire ne semblent pas être désavantagés par son absence, mais sont capables de se frayer un chemin verticalement dans l'eau tout aussi bien que ceux qui possèdent cet organe. On présume donc qu'il est de peu d'utilité pour le poisson et que son emploi à cette fin est une simple conséquence de sa survie et de son caractère. Un tel organe n'aurait jamais pu être développé pour aider à la nage, car sa réduction à l'état de rudiment inutile dans certains cas et son extinction complète dans d'autres montrent que cette fonction n'est en aucun cas nécessaire. Il est là et a perdu son ancien usage, et est, dans certains cas, adapté à un autre usage ; c'est tout ce qu'on peut dire.

L'homme est le seul mammifère glabre, ou glabre sauf sur quelques parties de son corps. Pourtant, le corps tout entier est recouvert d'une fine pousse de poils, inutile à tout objectif de protection, et qui ne peut s'expliquer que par une survivance de l'enveloppe des mammifères. Le développement occasionnel et considérable des cheveux est un indice qui permet de penser à une telle origine. Cela s'applique non seulement aux individus, mais aussi aux tribus ou aux races, comme dans le cas des Ainos du Japon et de certains Pygmées d'Afrique. La disparition des cheveux chez l'homme n'a aucune cause bien établie . L'explication de Darwin selon laquelle cela pourrait être le résultat d'une sélection sexuelle semble l'explication la plus probable. C'est certainement le cas de la barbe, dont l'absence chez la femme montre qu'elle n'est d'aucune utilité, et dont la présence chez l'homme s'accorde avec les nombreuses structures chez les animaux mâles apparemment dues à cette forme de sélection.

Darwin a signalé et expliqué une particularité très curieuse des cheveux chez l'homme, qui est absolument inexplicable sauf par la théorie de la filiation.

C'est le fait que les poils des bras de l'homme sont dirigés vers le coude depuis le haut et le bas, poussant ainsi dans des directions opposées sur le haut et le bas des bras. La même particularité existe chez les grands singes anthropoïdes et chez certains gibbons, mais ne se retrouve pas chez les mammifères inférieurs. Chez les singes, cela serait dû à l'habitude de protéger la tête de la pluie en la couvrant avec les mains, les poils se tournant de manière à ce que la pluie puisse couler librement dans les deux sens vers le coude plié. C'est tellement inutile chez l'homme que cela ne peut s'expliquer que par une survivance.

Il existe chez l'homme d'autres survivances de structures anciennes auxquelles une allusion passagère doit suffire. Dans l'œil de l'homme se trouve une minuscule membrane, le pli semi-lunaire, qui est absolument inutile à son économie. Il y a tout lieu de croire qu'il s'agit là du rudiment d'une membrane pleinement développée chez de nombreux animaux, et particulièrement utile aux oiseaux, la membrane nictitante ou troisième paupière. Encore une fois, les muscles qui font bouger la peau chez de nombreux animaux, en particulier chez les chevaux, ont laissé des restes inactifs dans de nombreuses parties du corps humain. Ceux-ci ne sont normalement actifs que sur le front, où ils servent à relever les sourcils, mais ils deviennent parfois actifs ailleurs. Ainsi, certaines personnes peuvent bouger la peau du cuir chevelu. Darwin cite certains de ceux qui pouvaient ainsi jeter des livres lourds par la tête. On peut en dire autant des muscles rudimentaires de l'oreille. Il y a des personnes qui peuvent bouger leurs oreilles de la même manière que le font les animaux inférieurs. Encore une fois, l'oreille externe dans son ensemble peut être considérée comme une structure rudimentaire, puisqu'elle ne semble pas faciliter l'audition chez l'homme. A propos de l'oreille pointue de l'ancêtre probable de l'homme, Darwin attire l'attention sur ce qui semble être chez l'homme une trace de la pointe perdue.

En poussant cette considération plus loin, on peut se demander : à quoi servent les cinq orteils pour l'homme ? Un pied solide n'aurait-il pas tout aussi bien répondu à l'objectif de la marche ? Mais en tant que survivances, leur présence est pleinement expliquée, puisqu'ils sont indispensables à de nombreux animaux inférieurs. On peut également s'interroger sur l'utilité du grand nombre d'os du poignet et du talon de l'homme. Une flexibilité égale de l'articulation aurait certainement pu être obtenue avec un plus petit nombre d'os. Ce n'est que lorsqu'on remonte à leur origine probable dans les organes ambulants du poisson ancêtre des batraciens que leur présence devient explicable. Ce sont apparemment des survivances d'une structure très ancienne, créées pour la baignade et adaptées à la marche.

En ce qui concerne le poignet de l'homme, une curieuse prédiction selon laquelle un certain os trouvé chez certains animaux inférieurs, l' *os central* , se trouverait chez l'homme a été faite et vérifiée, étant découvert comme un très petit rudiment dans l'embryon humain. La queue, caractéristique si commune chez les animaux inférieurs, mais absente chez les singes supérieurs et chez l'homme, n'a pas disparu sans laisser ses traces. Dans l'embryon humain, cela est clairement indiqué ; et tandis qu'elle disparaît chez l'homme au-delà du stade embryonnaire, elle est simplement cachée sous la peau, où ses vertèbres sont encore apparentes, généralement au nombre de trois, parfois quatre ou cinq. De plus, les muscles qui font bouger la queue ont laissé des traces de leur présence, qui se transforment souvent en véritables muscles.

Dans l'embryon humain, en effet, nous nous trouvons au milieu d'indices très significatifs sur l'origine de l'homme. Le corps de l'homme passe, dans son développement primitif, par une série d'étapes, dans chacune desquelles il ressemble à l'état mature ou embryonnaire de certains animaux inférieurs dans le stade de l'existence. Il commence son existence sous la forme d'une simple cellule, de forme analogue à l'amibe, l'une des créatures vivantes les plus basses, et prend plus tard la forme gastrula censée avoir été celle des premiers animaux à plusieurs cellules. À partir de cet état, il progresse par étapes successives, dont chacune a un rapport formel avec une classe inférieure.

Le plus significatif d'entre eux est celui dans lequel l'embryon est étroitement assimilé au poisson, par la possession de fentes branchiales. Il y a quatre de ces ouvertures dans le cou du fœtus humain , et elles sont parfois si persistantes que des enfants sont nés avec elles encore ouvertes, de sorte que les liquides absorbés par la bouche pourraient s'écouler par le cou, l'ouverture étant suffisant pour admettre une sonde fine. [2] Ces fentes sont utilisées dans l'embryon en développement, l'une d'elles étant consacrée à une fonction importante, celle de la conversion en oreille externe et moyenne. Ainsi, l'ouverture pour l'audition est une adaptation de ce qui était autrefois une ouverture pour la respiration. Parfois, une excroissance en forme d'oreille apparaît sur le cou, indiquant la tentative d'une deuxième fente de se développer en oreille. Le but des fentes branchiales est rendu plus évident par la présence dans l'embryon d'arcs branchiaux des vaisseaux sanguins, comme ceux normaux du poisson. Celles-ci disparaissent en commun avec les fentes.

L'apparition temporaire de ces fentes branchiales est la preuve la plus solide que l'on puisse exiger que l'embryon humain passe par les différents stades que l'adulte a franchis au cours de son long développement dans le passé, et que l'un de ces stades était le poisson. Et celles-ci ne constituent qu'une des preuves de l'origine de l'homme que l'on trouve dans l'embryon. Un autre qui peut être mentionné est le poil laineux qui recouvre le fœtus et dont la présence est incompréhensible sauf sur la théorie de la filiation . Son explication la plus probable est qu'il apparaît comme une survivance passagère de la première couche de poils permanente des mammifères inférieurs.

Dans les dents de lait de l'homme , nous avons une autre survivance inutile et souvent gênante d'un état ancien des organes dentaires. Nous ne pouvons pas très bien imaginer que, dans une création directe, un ensemble de dents temporaires aurait été fourni comme préalable à un ensemble permanent – disposition totalement inutile. Mais quand on constate que, dans un stade inférieur de la vie animale, les vieilles dents sont périodiquement remplacées par de nouvelles, on peut comprendre comment une trace de cet état a persisté chez les mammifères .

D'autres preuves de l'origine humaine chez les animaux inférieurs pourraient être tirées des phénomènes d'atavisme ou d'arrêt du développement de parties ou d'organes du corps. L'atavisme est généralement confiné à la lignée humaine, des conditions apparaissant chez beaucoup d'entre nous et appartenant à certains de nos ancêtres humains il y a quelques générations, parfois plusieurs générations, dans le passé. Mais des conditions apparaissent de temps en temps, anormales pour l'homme, mais normales pour certains animaux inférieurs. Cette tendance est manifestée par tous les organismes. Chez un cheval occasionnel, les rayures perdues depuis longtemps de l'ancêtre zébré réapparaissent. De temps en temps, un pigeon bleu, comme la forme ancestrale, apparaît dans une pure race d'oiseaux domestiques. Même dans les détails de l'anatomie, quelque personnage disparu depuis longtemps apparaît soudain.

De nombreux exemples de ce phénomène chez l'homme pourraient être cités, englobant diverses caractéristiques des organes musculaires et autres organes internes. L'anomalie du pied bot peut être considérée comme un retour à la forme du pied chez les singes anthropoïdes. Il s'agit là cependant d'une rétention d'un état existant chez le fœtus de l'homme, le pied étant dressé et la plante tournée vers l'intérieur et vers le haut .C'est simplement un témoignage passager de la condition ancestrale de l'homme.

Encore une fois, nous avons le fait que l'homme ne possède normalement que douze côtes, une de moins que celles du gorille et du chimpanzé. Cela conduit à la possibilité que l'homme ait perdu une côte au cours de son développement, et une preuve significative de cela est le fait qu'il arrive parfois qu'une treizième côte apparaisse dans la structure humaine.

Les organes sans fonction chez l'homme sont, comme nous l'avons dit plus haut, étroitement analogues aux fossiles des roches, dans le sens où tous deux renvoient à une période pendant laquelle ils étaient des formes actives et vitales occupant une place définie dans la longue lignée de la vie animale ou de la structure animale. . L'argument selon lequel Dieu a directement créé les fossiles n'est pas plus absurde que celui selon lequel il a directement créé ces organes inutiles et parfois nuisibles. Il est impossible de donner une raison à un exercice aussi futile du pouvoir créateur, à moins qu'il ne s'agisse de donner l'impression fausse que l'homme est né du monde de la vie inférieur à lui. Quelqu'un à notre époque affirmera- t -il que Dieu a placé des structures inutiles et dangereuses dans le corps de l'homme dans le but incroyable de le tromper quant à son origine ? Et affirmera-t-on encore que la Divinité a placé des pierres d'achoppement semblables à la raison humaine dans l'embryon, afin de tromper ceux qui devraient étendre leurs recherches à ce bas niveau ? Il serait difficile de concevoir une idée plus absurde, mais il n'y a pas d'autre moyen d'échapper à ce qui semble aller de soi, à savoir que l'homme est un produit de l'évolution à partir des animaux inférieurs et porte sur lui les marques de son ascendance.

NOTES DE BAS DE PAGE :

[1] «Sur la vessie aérienne des poissons». Actes de l'Académie des sciences naturelles de Philadelphie, 1885.

[2] Sutton, « Évolution et maladie ».

III
RELIQUES DE L'HOMME ANCIEN

Si maintenant, au lieu de chercher des preuves de l'ascendance de l'homme dans le corps humain, dans les survivances d'anciennes structures anatomiques, nous les cherchons dans la croûte terrestre, nous nous trouvons confrontés à des preuves d'une grande antiquité de la race humaine, en partie dans des instruments de fabrication humaine, en partie dans des os anciens ou fossilisés de l'homme primitif. Ceux-ci indiquent non seulement une grande éloignement de l'origine, mais aussi une progression très graduelle depuis le stade le plus bas de la capacité inventive jusqu'au niveau élevé aujourd'hui atteint.

Ces reliques de l'homme primitif sont divisées par Dana en dix variétés : (1) ossements humains enterrés ; (2) pointes de flèches et de lances en pierre, hachettes, pilons, etc.; (3) les copeaux de silex, laissés dans la fabrication des outils ; (4) les pointes de flèches et autres instruments en os et en corne de cerf; (5) les os, les dents et les coquilles percés ou entaillés par des mains humaines ; (6) le bois coupé ou sculpté; (7) os, corne, ivoire ou pierre gravés de figures ou découpés en forme d'animaux ; (8) os à moelle brisés longitudinalement pour obtenir la moelle destinée à la nourriture ; (9) fragments de charbon de bois et autres indications de l'utilisation du feu ; (10) fragments de poterie.

Des reliques des types cités ci-dessus ont été découvertes à intervalles réguliers depuis de nombreuses années, mais leur âge et leur signification ont été mis en doute, et ce n'est qu'au bout d'une quarantaine d'années que la grande antiquité de l'homme sur terre a été généralement reconnue par les scientifiques. La découverte la plus importante d'outils anciens a été réalisée par Boucher de Perthes en 1841 puis ultérieurement, dans les graviers élevés de la vallée de la Somme, en Picardie, en France. Dans les couches profondes de ces graviers, qui furent déposées à une époque où la rivière occupait un canal plus large et plus haut qu'aujourd'hui, il trouva des armes et des outils en silex grossier, portant des traces évidentes de travail humain et mêlés à des dents et des os d'animaux. , à la fois d'espèces vivantes et disparues. Parmi les ossements figuraient ceux du mammouth et du rhinocéros poilu, espèces évidemment contemporaines de l'homme, bien qu'elles aient depuis longtemps disparu de la terre. A une époque un peu antérieure, des outils humains, mêlés à des os d'ours des cavernes, de lion des cavernes, de hyène et d'autres espèces, avaient été découverts dans les grottes de France et de Belgique. Ceux-ci étaient fréquemment enfouis sous des dépôts de stalagmites et d'autres matériaux qui devaient mettre beaucoup de temps à s'accumuler.

L'importance de ces découvertes a mis longtemps à s'imposer à l'attention des hommes de science. Près de vingt ans se sont écoulés avant que Boucher de Perthes puisse demander aux géologues réputés de France et d'Angleterre d'étudier les graviers de la Somme. Ce faisant, ils furent rapidement convaincus de la véritable antiquité de ces reliques et annoncèrent comme un fait incontestable que l'homme avait vécu dans la vallée de la Somme et fabriqué des outils grossiers en silex au cours de ce qu'on appelait la période quaternaire ou de dérive de l'époque. géologie.

Les découvertes faites ici ont incité les hommes à travailler activement à des recherches ailleurs. Des fouilles ont été faites dans d'autres graviers de haut niveau , des cavernes ont été soigneusement et minutieusement examinées, la caverne de Kent, en Angleterre, a été creusée jusqu'au fond de sa roche, des dizaines de découvertes importantes en ont résulté et il a été prouvé que l'antiquité de l'homme remontait de milliers à des dizaines d'années. des milliers, voire des centaines de milliers d'années. Et la coexistence de l'homme avec les animaux dont les os accompagnaient ses reliques était prouvée par des preuves incontestables, car des dessins et des formes sculptées de ces animaux ont été retrouvés, prouvant incontestablement que l'homme avait contemplé leurs formes vivantes. Ainsi le dessin d'un mammouth, montrant les longs poils qui servaient à protéger cet animal du froid, fut retrouvé gravé sur un morceau d'ivoire de mammouth, et celui d'un groupe de rennes sur un morceau de corne de renne. Il y avait aussi des dessins de l'ours des cavernes, du phoque, etc., et un groupe très intéressant montrant les aurochs, plusieurs arbres et un homme avec un serpent qui se mordait apparemment le talon. Les sculptures consistaient en un manche en corne de poignard, taillé en forme de renne, et d'autres formes.

Que ces reliques appartiennent à une époque très lointaine est prouvé par les preuves les plus solides. Il suffira de donner ici quelques-unes des plus frappantes de ces preuves de l'antiquité. Les hachettes en silex trouvées à Saint- Acheul , en France, ont été obtenues à partir d'un lit de gravier situé sous douze pieds de sable et de marne. À la surface se trouvait une couche de terre dans laquelle se trouvaient des tombes de l'époque gallo-romaine, démontrant qu'elle était là depuis au moins mille cinq cents ans. Le temps nécessaire à la lente accumulation de toute la série de dépôts a dû être très considérable.

Une preuve beaucoup plus décisive de l'antiquité est donnée par la position dans laquelle se trouvent ces lits de gravier et d'autres similaires. On les trouve le long des rives des rivières, à une hauteur souvent de cent ou deux cents pieds au-dessus du niveau de crue des cours d'eau. Lorsqu'ils ont été déposés, les rivières ont dû couler à cette altitude, de sorte que le temps s'est écoulé depuis suffisamment pour que les ruisseaux aient creusé leurs vallées jusqu'aux profondeurs actuelles. Il se peut que les cours d'eau aient autrefois été d'un plus grand volume et aient eu des pouvoirs de coupe supérieurs, et qu'ils aient pu être aidés par la glace de l'ère glaciaire. Pourtant, quelle que soit notre estimation, la conclusion est inévitable que les hommes qui ont laissé tomber leurs outils dans ces graviers doit avoir vécu sur la terre des siècles avant le début des temps historiques.

La présence là de restes d'animaux disparus depuis des siècles de la terre est une autre circonstance révélatrice de la haute antiquité. Ceux-ci incluent le mammouth, le grand éléphant poilu des temps préhistoriques, un rhinocéros poilu éteint, le grand et puissant ours des cavernes et le lion des cavernes, le grand élan irlandais et encore d'autres animaux dont nous ne connaissons l'existence que par leurs os. D'autres, qui existaient en commun avec les hommes plus tard, sont le renne et le bœuf musqué, dont les espèces habitent aujourd'hui les régions les plus froides du nord, et dont la présence dans le sud de l'Europe à cette époque semble indiquer un climat beaucoup plus froid que celui de l'Europe. celui des temps historiques.

Les preuves de l'antiquité humaine brièvement présentées ici sont accompagnées d'indications d'un développement progressif de l'intellect humain. Si l'homme est « tombé de son état élevé », il n'a laissé aucune trace de cet état élevé sur son chemin descendant. Nous possédons d'abondantes indications sur sa montée ascendante, nous ne trouvons aucune d'une descente précédente. Si nous basons nos opinions sur des faits connus, la théorie du développement est la seule qui puisse être soutenue ; la doctrine d'une chute est absolument sans fondement en dehors des pages de la Genèse.

Les étapes successives du développement mental de l'homme, telles qu'indiquées par le travail de ses mains, sont bien et clairement marquées. Au niveau le plus bas, nous trouvons des outils et des armes du paléolithique ou de l'âge de pierre ancien, faits de pierre grossièrement taillée, de forme grossière et jamais meulée ni polie. Ceux-ci présentent certains signes d'amélioration progressive, mais nous devons aller à un niveau plus élevé pour trouver des instruments d'un ordre nettement supérieur, les instruments en pierre soigneusement façonnés et polis du néolithique ou du nouvel âge de pierre. Avec leur apparition apparaît une bien plus grande diversité d'outils et d'armes, ainsi que des preuves d'une compétence croissante dans la fabrication et d'un pouvoir d'invention considérablement plus grand. Plus haut encore se trouvent les gisements de l'âge du bronze, où le métal remplace la pierre dans les outils humains. Apparaît enfin l'âge du fer, celui dans lequel nous restons encore. Il suffit de mentionner en passant les habitations lacustres de Suisse, avec leurs nombreuses reliques intéressantes de l'homme au cours des dernières époques de la pierre, du bronze et des premiers âges du fer ; et les dépotoirs de cuisine, ou tas d'ordures, des îles danoises et ailleurs, qui s'étendent depuis le vieil âge de pierre jusqu'à la période historique.

Ce ne sont là qu'une partie des preuves de l'antiquité de l'homme et de ses progrès progressifs dans les arts manufacturiers. D'autres ont été trouvés dans de nombreuses régions du monde. Beaucoup d'entre eux existent en Amérique, prouvant que l'homme résidait sur ce continent à une époque très lointaine. Si l'on considère que les découvertes tardives en Babylonie semblent ramener l'âge de la civilisation et des reliques historiques à quelque dix mille ans, et que la semi-civilisation a dû s'étendre très considérablement au-delà de cette époque, la perspective du progrès progressif de l'homme semble s'éloigner interminablement et l'ère de l'homme primitif pour remonter jusqu'à une période extrêmement lointaine. En vérité, des découvertes ont été faites qui prétendent ramener l'homme au-delà du Quaternaire et dans la période géologique du Tertiaire, puisque des os coupés et grattés ont été trouvés dans des dépôts du Pliocène, que certains géologues expérimentés croient avoir été l'œuvre de l'homme. mains. Encore plus éloignés se trouvent des silex apparemment ébréchés et des os coupés d'une manière qui suggère une action humaine, qui ont été trouvés dans des gisements du très lointain Miocène. L'immense éloignement de cette époque et la grossièreté de l'œuvre ont jeté de nombreux doutes sur l'origine humaine de ces vestiges, bien que leur authenticité en tant qu'œuvre de l'homme ait été acceptée par plusieurs observateurs compétents, parmi lesquels l'éminent anthropologue Quatrefages .

Si nous nous limitons cependant aux conclusions généralement acceptées concernant l'homme ancien, nous devons dire qu'il n'a pas été clairement tracé au-delà de la période glaciaire, bien que certaines des reliques trouvées dans les graviers les plus anciens des rivières et dans la grotte la plus basse les accumulations pourraient bien être d'âge préglaciaire. De nombreux géologues pensent qu'il est arrivé en Europe dès les mammifères disparus avec lesquels il y était contemporain, mais il est impossible de dire jusqu'où cela remonterait dans le temps.

En ce qui concerne maintenant les reliques humaines plus immédiates, les ossements de l'homme lui-même, il faut dire que les restes bien authentifiés de l'homme du Paléolithique ou du Néolithique ancien ne sont pas nombreux. Tant que l'homme laissait ses os aux seuls organismes de la nature, ils avaient peu de chances d'être préservés. Parmi les singes anthropoïdes d'Europe, probablement nombreux en individus, quelques restes d'une ou deux espèces seulement survivent. Il ne reste aucun homme préglaciaire, mais cela pourrait simplement indiquer qu'il a partagé le sort de nombreuses autres espèces qui se sont éteintes et n'ont laissé aucune trace. Ce n'est que lorsque le froid croissant poussa l'homme des forêts à chercher refuge dans des grottes que les restes de son corps furent susceptibles d'être préservés, et ce n'est que lorsqu'un sens croissant de la dignité humaine conduisit à l'art de la sépulture que la préservation de ses os est devenu assuré.

L'art funéraire n'était apparemment pas pratiqué par les chasseurs de la période fluviale ou par les hommes d'une époque encore plus ancienne. Les seuls vestiges connus de l'homme primitif sont ceux trouvés dans les grottes et les abris sous roche. Un certain nombre de crânes humains ont été découverts dans ces situations et, dans quelques cas, des squelettes ont été exhumés. Au cours de la période néolithique, l'inhumation est devenue plus courante et plus soignée, et les progrès de cette période sont marqués par de nombreux restes d'hommes, qui plus tard ont été enterrés dans des sépulcres en pierre de construction élaborée, parfois massifs dans leurs matériaux et recouverts de grands monticules de terre . .

Ce que l'on entend par Âge glaciaire est probablement bien connu de la plupart des lecteurs, mais ses relations étroites avec l'homme ancien rendent important pour ceux qui ne connaissent pas sa signification qu'une description passagère en soit donnée ici. Il suffira de dire qu'on trouve dans une grande partie des parties septentrionales de l'Amérique et de l'Europe des accumulations d'argiles, de sables et de graviers, tantôt déposés en lits stratifiés, tantôt grossièrement empilés. On y trouve des blocs de pierre, grands et petits, et d'autres blocs, parfois de grande taille, se trouvent dans des localités isolées. Les roches solides qui se trouvent sous ces amas sont souvent rayées ou polies, comme si la matière avait été poussée dessus avec une grande force.

Tous les géologues croient maintenant que ces accumulations ont été constituées par la glace, à une époque reculée où un climat très froid régnait dans l'hémisphère nord et où de grands glaciers se dirigeaient lentement vers le sud, se frottant et se déchirant au fur et à mesure, et enfouissant la terre sous leurs montagnes. - ressemblant à des tas, qui avaient parfois une profondeur d'un mile ou plus. En Amérique du Nord, la glace glaciaire s'est poussée vers le sud jusqu'au 40e degré de latitude nord. En Europe, elle s'est étendue à la région alpine, mais n'a pas réussi à atteindre les pays riverains de la Méditerranée.

L'étude approfondie et minutieuse des dépôts glaciaires a rendu hautement probable qu'il y ait eu deux époques glaciaires, deux périodes au cours desquelles la glace s'est poussée loin vers le sud, et que celles-ci ont été séparées par une période au cours de laquelle la glace s'est retirée et une période au cours de laquelle la glace a reculé. du temps plus chaud est intervenu. C'est ce qu'on appelle la période interglaciaire. Pour autant qu'on puisse en être sûr, toutes les reliques authentiques de l'homme appartiennent à l'ère glaciaire. Ils semblent devenir nombreux d'abord au cours de la période interglaciaire, et continuent de croître et de se diversifier à mesure que l'on descend dans le temps. Il est impossible de le dire il y a longtemps que la mer de glace a commencé à couler sur la terre. Certains le situent à six cent mille ou sept cent mille ans. Certains cherchent à le ramener à une date assez récente. C'est encore si incertain et si controversé que tout ce que nous pouvons dire avec certitude, c'est que c'était il y a très longtemps.

Même s'il n'existe aucune preuve positive que les hommes vivaient en Europe avant l'arrivée du froid glaciaire, nous n'avons aucune raison d'en douter. Qu'il y ait vécu à l'époque glaciaire est incontestable, et nous pouvons être très assurés qu'un animal tropical nu, dépourvu de la couverture velue des autres animaux, n'aurait pas choisi cette période glaciale pour migrer vers le nord. Le fait qu'il ait été là pendant la période glaciaire semble être une preuve satisfaisante qu'il était là avant cette époque, pendant le climat doux de la fin du Tertiaire, et que - pour une raison que nous examinerons plus tard - il a été pris là et incapable de battre en retraite. , et a été contraint de s'adapter aux nouvelles conditions.

Au cours de la période chaude précédente, il errait probablement comme chasseur à travers les forêts européennes. Mais avec l'arrivée progressive du froid hivernal et l'avancée de la glace, un abri quelconque devint nécessaire et il chercha refuge dans des grottes. De vagabond des forêts, il est devenu troglodyte. Partout dans le sud-ouest de l'Europe, nous trouvons des traces de cette période de l'existence de l'homme. Il n'y a guère de grotte ou d'abri sous roche dans cette région où il n'ait pas laissé ses traces. Il se rendit en Angleterre, qui était probablement alors reliée par voie terrestre à l'Europe, et demeura longtemps dans ses cavernes. Sa période de résidence troglodytique semble en effet avoir été très longue . Tandis que cela se poursuivait, des dépôts de plusieurs pieds de profondeur se sont progressivement accumulés sur le sol des cavernes, les remplissant lentement. Et que, dans certains cas au moins, cette demeure troglodyte a pris fin il y a très longtemps, nous assure-t-on, car depuis lors une grande épaisseur de stalagmite, qui se dépose avec une extrême lenteur, s'est répandue sur les dépôts souterrains inférieurs et les a scellés. .

C'est dans ces grottes que l'on trouve non seulement les fers de lance en pierre grossière, les grattoirs, les marteaux, etc., les poinçons à os, les foreurs et autres instruments de l' homme paléolithique , mais les ossements de l'homme lui-même. Et il est significatif de sa condition primitive que ces premières reliques indiquent un homme d'un très faible degré de développement, mentalement bien supérieur au singe, il est vrai, mais mentalement et physiquement bien inférieur à l'homme moderne.

Le plus simiesque de ces restes humains est le célèbre crâne de Néandertal, découvert en 1856 dans une caverne calcaire de la vallée de Néandertal, entre Düsseldorf et Elberfeld, en Prusse rhénane. Les reliques découvertes comprennent la calotte cérébrale, deux fémurs , deux humérus et d'autres fragments. Le fragment du crâne attirait beaucoup l'attention par son aspect bestial, présentant un front bas, étroit et fuyant, et une énorme épaisseur de crêtes osseuses au-dessus des yeux, comme celle que l'on voit chez le gorille. Ce crâne, associé à des restes d'ours des cavernes, de hyène et de rhinocéros, est, à une exception près, la relique humaine la plus simiesque jamais trouvée. Pourtant sa capacité crânienne est bien supérieure à celle des grands singes, et est assimilée à celle des crânes hottentots et polynésiens.

On a soutenu qu'il s'agissait d'un spécimen pathologique et qu'il ne représentait pas un homme normal. Mais cette théorie a été réfutée par le fait que d'autres crânes présentant des caractéristiques crâniennes similaires sont désormais connus, ce qui indique que le crâne de Néandertal représente un type d'homme et non un individu anormal. Dans la Caverne des Espions, dans la province de Namur, en Belgique, ont été découverts, en 1886, deux squelettes presque parfaits d'un homme et d'une femme, tous deux dotés d'arêtes oculaires très saillantes, d'un front bas et fuyant et de grandes orbites. Ce fut de façon frappante le cas de la femme. Les mâchoires inférieures des deux étaient lourdes, tandis que la femme était presque dépourvue de menton, une caractéristique caractéristique d'un singe. Le tibia était plus court que chez n'importe quelle race connue et plus gros que chez la plupart. Sa particularité était l'articulation avec le fémur, qui était telle que pour maintenir l'équilibre, la tête et le corps devaient être projetés en avant, comme c'est le cas chez les singes anthropoïdes.

Dans la grotte de Naulette , près de Dinant, en Belgique, a été retrouvée la mâchoire inférieure d'un homme à l'aspect résolument singe. Son prognathisme ou saillie est extrême et les canines étaient très fortes, tandis que les molaires étaient évidemment grandes et augmentaient en taille vers l'arrière, une caractéristique non humaine. A La Denise, dans la haute Loire, en France, ont été trouvés les os frontaux d'un homme de type homme de Néandertal, le front étant déprimé et reculant, et les crêtes sourcilières larges et épaisses. Plusieurs autres crânes de ce type général sont connus, mais ceux ci-dessus suffiront à titre d'exemples.

Les restes de l'homme paléolithique d'un type considérablement plus élevé ne manquent pas. Dans l'abri sous roche de Cro-Magnon, en France, ont été retrouvés les ossements de trois hommes, d'une femme et d'un enfant, de caractère plus avancé. Celles-ci sont cependant de date tardive et pourraient remonter au début du Néolithique. À Engis , près de Liège, en Belgique, un crâne profondément enfoui, associé à de nombreux restes d'animaux disparus, a été déterré, qui n'a en aucun cas le caractère d'un singe. Un exemple encore supérieur d' homme paléolithique est le squelette trouvé dans une caverne à Menton, à l'est de Nice, en France, qui représente un homme de six pieds de haut, avec une tête assez grosse, un front haut et un angle facial très grand (85°). La grotte contenait des ossements d'animaux disparus, mais aucune trace de renne.

Il n'est pas nécessaire de parler ici des nombreux restes de l'homme néolithique qui ont été exhumés. Rares au début de l'ère des armes en pierre polie, elles sont progressivement devenues nombreuses et se sont fondues dans les restes humains de la fin de la Préhistoire. Le continent américain n'est pas dépourvu de reliques de l'homme ancien, dont la plus célèbre est le crâne de Calaveras, découvert en 1886 dans les graviers aurifères du comté de Calaveras, en Californie, à une profondeur extraordinaire. Les mineurs, en creusant un puits, passèrent à travers plusieurs couches de lave et de gravier, formant une épaisseur totale de soixante-dix-neuf pieds de lave et une épaisseur considérable de gravier, faisant près de cent trente pieds en tout. A cette profondeur, on a trouvé un crâne incrusté dans le gravier qui, s'il est authentique, a dû être débordé par plusieurs épaisses coulées successives de lave au cours de l'ancienne ère volcanique de cette région. Cependant, son authenticité étant toujours sujette à controverse, il n'est pas nécessaire d'en dire davantage ici.

Laissant ces témoignages de l'antiquité humaine, nous arrivons à la plus remarquable et la plus significative de toutes les reliques connues de l'homme, si tant est qu'il s'agisse bien de l'homme, car il semble à beaucoup qu'il s'agisse d'un lien entre l'homme et le singe, - pas encore humain, bien qu'il ne soit plus un lien entre l'homme et le singe . simien. Il s'agit du fossile découvert par le Dr Eugène Dubois en 1891 sur les rives de la rivière Bengawan , à Java, et nommé par lui *Pithecanthropus erectus* , affirmant qu'il représente un nouveau genre d'animaux dressés, voire une nouvelle famille. Les restes trouvés par lui étaient constitués de la partie supérieure d'un crâne, d'une molaire et d'un fémur, n'appartenant peut-être pas à un seul individu, car ils étaient quelque peu séparés. Ceux-ci ont été exhumés d'une couche de tuf volcanique, prétendument d'âge tertiaire, mais peut-être quaternaire, et se trouvaient à une profondeur d'environ quarante pieds sous la surface.

Le fémur ressemble beaucoup à celui d'un être humain de taille moyenne, et sa forme, sa surface articulaire et d'autres caractères montrent clairement que l'animal se tenait habituellement droit. La signification principale réside dans la dent et le crâne. Le premier ressemble à celui du chimpanzé par la forme, mais moins rugueux sur sa surface de broyage. Il semble se situer entre la dentition du singe et la dentition humaine. Le crâne a un arc bas et déprimé, avec une région frontale très étroite et des crêtes sourcilières très développées. La capacité crânienne était apparemment d'environ mille, celle de l'homme étant de mille trois cents à quatorze cents. On dit donc qu'il s'agit du "crâne humain le plus bas jamais décrit, presque autant en dessous de celui de Néandertal que celui de l'Européen normal".

Le professeur OC Marsh, dans un article sur le sujet paru dans l' *American Journal of Science* , de février 1895, est d'accord avec le Dr Dubois dans son point de vue sur la position distincte de cette forme dans le règne animal, et dit que le découvreur "a prouvé l'existence d'une nouvelle forme anthropoïde préhistorique, non pas humaine en effet, mais par sa taille, sa puissance cérébrale et sa posture dressée beaucoup plus proche de l'homme que n'importe quel animal découvert jusqu'à présent, vivant ou éteint.

Nous avons ici donné un bref aperçu d'une longue histoire. Les preuves de l'existence antérieure de l'homme sur terre sont innombrables, mais toute considération approfondie de celles-ci s'écarte de notre objectif, qui est simplement de montrer que les preuves de la descendance de l'homme trouvées dans sa structure physique sont renforcées par les preuves qu'il a laissées éparpillées derrière lui. lui dans sa longue marche à travers les âges. Une seule conclusion peut être tirée de ces vestiges de l'homme extraits des grottes et des graviers, à savoir qu'ils indiquent une progression graduelle et régulière vers le haut à partir d'un état très bas, alors qu'ils ne témoignent nulle part de la chute traditionnelle de l'homme.

C'est certainement le cas des reliques du travail humain. Ils commencent par les pierres taillées les plus grossières, puis s'améliorent très lentement en forme et en finition et deviennent plus variés à mesure que nous progressons dans notre recherche. Les pierres meulées et polies suivent, et la variété des outils augmente considérablement, jusqu'à ce qu'enfin l'âge du métal, avec ses industries développées, soit atteint. La seule preuve apparente d'une intelligence supérieure que l'on puisse trouver dans ce progrès graduel est celle des dessins et des sculptures que nous ont laissés un groupe d' hommes paléolithiques . Mais le développement mental réel indiqué par ces dessins devient problématique si l'on considère que des dessins similaires sont réalisés aujourd'hui par les Bushmen d'Afrique du Sud, une race d'hommes occupant un stade mental très bas. De ce fait on peut raisonnablement conclure que la possession d'un art graphique simple n'indique pas nécessairement un progrès intellectuel considérable.

Si l'on considère les restes de l'homme lui-même, les quelques ossements qui marquent son premier parcours à travers le temps, une conclusion similaire doit être tirée. En commençant par le Pithécanthrope, que la science doute encore de savoir s'il doit être classé parmi les singes ou parmi les hommes, nous passons à l'homme bestial de Néandertal et à ses semblables du même type inférieur. Parmi les rares vestiges de l'homme paléolithique qui existent, la plupart appartiennent à ce type dégradé. La capacité crânienne n'est généralement pas petite. Ils avaient le développement cérébral complet de l'homme. Mais cela les assimile simplement aux races inférieures de sauvages existants, dont beaucoup n'ont pas développé l'art simple de tailler la pierre pour fabriquer des armes et pourtant ont un cerveau d'un poids humain normal.

En vérité, les influences sous lesquelles s'est produit le développement du cerveau n'étaient pas ce que nous appelons aujourd'hui intellectuelles. L'homme en développement a utilisé activement ses pouvoirs mentaux dans ses relations avec les forces hostiles de la nature environnante, et presque toutes les forces de l'évolution ont été appliquées sur l'organe de l'esprit, le corps restant pratiquement inchangé. Ses sens sont devenus aiguisés, sa ruse et sa vigilance élevées, son utilisation des armes habile , mais son champ d'exercice mental était toujours le monde extérieur, et le monde intérieur de la pensée est resté à son état embryonnaire. Le développement le plus récent de l'esprit concerne ses capacités intellectuelles, tandis que ses aptitudes physiques ont quelque peu diminué. Cela n'a pas entraîné d'augmentation notable des dimensions du cerveau, mais il se peut que cela ait eu un effet marqué sur la proportion de ses parties, les régions du cerveau consacrées à l'activité intellectuelle augmentant probablement aux dépens des régions motrices et sensorielles. tandis que les circonvolutions peuvent être devenues considérablement plus compliquées.

IV
DU QUADRUPÈDE AU BIPÈDE

Dans la question qui nous pose maintenant, celle de l'évolution de l'homme à partir du monde inférieur des animaux, il est nécessaire d'abord de préciser dans quels détails il a évolué, quelles sont les conditions qui le distinguent des animaux inférieurs. Quatre distinctions marquées peuvent être citées : son attitude droite, avec la libération des membres antérieurs de leur utilisation comme agents de locomotion ; son emploi d'objets naturels, au lieu de ses organes corporels, comme outils et armes ; son développement du langage vocal ; et sa grande supériorité mentale, avec l'utilisation générale de l'esprit dans ses relations avec la nature.

Dans aucun de ces domaines, l'homme n'est tout à fait seul ; chez tous, il existe une affinité avec les animaux inférieurs. De nombreux animaux ont fait des progrès dans ces directions, bien qu'aucun d'entre eux n'ait réalisé de progrès considérables. Dans ses habitudes sociales et son organisation remarquablement développées, l'homme n'a pas d'homologue proche parmi les vertébrés, mais plusieurs parmi les insectes. Et il est très intéressant de constater que dans le domaine le plus élevé du progrès de l'homme, celui de l'emploi de l'esprit dans ses relations avec la nature, il est principalement imité par des créatures aussi peu organisées que les fourmis et les abeilles.

Il n'est pas nécessaire de chercher bien loin, parmi les animaux inférieurs, les espèces qui se rapprochent le plus de l'homme par sa structure et qui semblent l'avoir immédiatement précédé dans la ligne de descendance. On retrouve ces formes chez les singes ou singes, et surtout chez leurs plus hauts représentants, les singes anthropoïdes. Ceux-ci possèdent, à un degré partiel, toutes les caractéristiques particulières de l'homme. Ils ont des habitudes sociales ; certains d'entre eux ont une posture semi-dressée et leurs membres antérieurs sont en partie libérés de l'usage de la locomotion ; ils possèdent des moyens imparfaits de communication vocale ; ils emploient, dans une certaine mesure, l'esprit à la place du corps ; en bref, ils semblent des formes arrêtées sur le chemin de la brute à l'homme, des poteaux de signalisation sur la route de l'évolution. Dans l'organisation physique, leur approche de l'homme est singulièrement proche. En anatomie, l'homme et les singes supérieurs sont, à bien des égards, des homologues l'un de l'autre. La principale distinction anatomique a été considérée comme étant dans le pied, qui, à cause du caractère opposable du gros orteil, a été classé par Cuvier avec la main, les singes étant nommés Quadrumana, ou à quatre mains, et homme Bimana , ou à deux mains. Des recherches plus approfondies ont montré que cette distinction n'existe pas, le pied du singe s'accordant beaucoup plus étroitement avec le pied qu'avec la main de l'homme. Estimée selon l'usage, la main est, dans tout l'ordre, l'organe préhensile spécial ; le pied, aussi préhensile soit-il, est avant tout un organe ambulant. Et l'opposabilité du gros orteil est rapprochée chez certains hommes, qui ont une grande mobilité dans cet organe, et peuvent l'utiliser pour la préhension.

En ce qui concerne le cerveau, l'organe de l'esprit, la différence entre les singes supérieurs et l'homme est presque uniquement une question de taille comparative, l'intelligence inférieure des singes étant indiquée par la plus petite taille de leur cerveau. Le cerveau du plus grand singe fait à peine la moitié de la taille du plus petit cerveau humain. Mais anatomiquement, ils sont presque identiques. Toutes les caractéristiques structurelles du cerveau sont communes aux deux, et les détails sont largement complétés chez les singes anthropoïdes, les circonvolutions étant toutes présentes et le modèle d'arrangement le même. On peut dire que le cerveau de l'orang ressemble à celui de l'homme à tous égards, sauf par la taille et la plus grande symétrie de ses circonvolutions, qui sont moins compliquées de circonvolutions mineures que chez l'homme. En vérité, la différence entre le cerveau de l'homme et celui de l'orang est presque insignifiante comparée à la différence entre celui de l'orang et celui des singes les plus inférieurs. MEW Taylor, qui a récemment fait une étude exhaustive de l'anatomie minutieuse du cerveau du chimpanzé, remarque : « La similitude entre le cerveau des singes anthropoïdes et celui de l'homme est l'un des faits les plus singuliers et les plus intéressants dont nous ayons connaissance. avoir des connaissances. »

Ainsi, dans toute tentative de considérer l'origine de l'homme du point de vue de l'évolution, nous sommes irrésistiblement attirés par la tribu des singes comme étant le maillon inférieur suivant dans la longue chaîne du développement, et nous sommes amenés à considérer les caractéristiques des singes. comme étape intermédiaire entre le quadrupède et le bipède, le pont franchissant ce grand gouffre du développement organique. Cela ne veut en aucun cas suggérer que l'un des singes anthropoïdes existants soit l'ancêtre direct de l'homme. Une telle idée n'a jamais été envisagée par les scientifiques. Ces animaux ne peuvent même pas être considérés à juste titre comme des frères de l'ancêtre de l'homme, mais doivent être considérés comme des cousins plus ou moins éloignés, dotés d'une organisation physique moins favorable à un haut développement que celle de l'homme. L'ascendance de l'homme remonte bien plus loin dans le temps, et son ancêtre doit avoir été constitué différemment des grands singes existants.

Dans la tribu des singes, nous sommes capables de retracer presque toutes les étapes par lesquelles le gouffre entre quadrupèdes et bipèdes a été franchi, depuis le babouin quadrupède jusqu'au gibbon presque dressé. Et en cherchant à suivre ce développement à travers ses étapes successives, il faut d'abord considérer comment les singes ont acquis leur pouvoir particulier de préhension, cette caractéristique à laquelle ils doivent sans doute la liberté partielle de leurs mains et leur tendance à prendre l'attitude droite. .

La caractéristique la plus distinctive des singes et des lémuriens les plus proches n'a pas encore été clairement soulignée. C'est qu'ils forment le seul groupe d'animaux strictement arboricoles. L'arbre n'est pas seul leur habitat naturel, mais ils y sont spécialement adaptés dans leurs organes de mouvement, fait qui ne peut être affirmé pour aucun autre groupe animal. Si nous considérons, par exemple, les écureuils, l'un des groupes d'animaux arboricoles les plus connus, nous les trouvons membres du grand ordre des rongeurs, dont l'habitat naturel est la surface terrestre. Bien que les écureuils se soient tournés vers les arbres, il n'y a eu aucun changement adaptatif dans la structure de leurs membres et de leurs pieds. On peut en dire autant de presque tous les habitants des arbres, à l'exception des lémuriens et des singes. Le paresseux, en effet, est spécialement adapté dans son organisation à une résidence arboricole, mais ce changement est individuel et non tribal, cet animal étant une forme aberrante de l' édenté terrestre . Chez les singes et les lémuriens, au contraire, les habitants du sol sont des formes aberrantes, des vagabonds éloignés de l'hôte. Presque toutes les espèces vivent dans des arbres auxquels elles sont spécialement adaptées par la formation de leurs pattes. Il reste à rechercher comment est apparue cette déviation de structure, quelles ont été les étapes de développement du pied et de la main saisissants, caractéristique particulière de ce groupe.

En considérant cette question, le premier fait qui apparaît est que les singes et les lémuriens sont des animaux plantigrades. Leur tendance naturelle est de marcher sur la plante du pied, une habitude que possèdent peu d'autres tribus d'animaux. La plupart des animaux plus gros marchent sur les jointures ou sur les orteils et développent des griffes ou des sabots, mais la forme ancestrale du singe, dans le passé, était sans aucun doute un quadrupède marchant seul, ses orteils étant apparemment pourvus de clous au lieu de griffes. Quelle a été l'histoire de ce très ancien quadrupède, nous sommes tout à fait incapables de le dire. Il se peut que, dans les exigences de l'existence, les chemins soient arrivés à une bifurcation ; une partie du groupe, attirée par l'amour des fruits, développant l'habitude de grimper ; la section restante continue sur le terrain et suit une ligne d'évolution distincte. Peut-être qu'une seule espèce s'est répandue dans les arbres ; car il est tout à fait possible qu'une seule forme, dans un habitat nouveau et avantageux, se transforme avec le temps en un grand nombre d'espèces.

De tout cela, nous ne pouvons rien savoir : mais d'une chose nous pouvons être assurés, c'est que le pied plantigrade est le seul qui ait pu se développer en organe de préhension ; un tel développement étant impossible aux digitigrades ou aux ongulés. On voit bien comment l'habitude de marcher sur la semelle peut tendre à écarter les orteils, afin d'obtenir une assise plus large et plus ferme. Et il est tout aussi facile de voir comment un mouvement libre et large du gros orteil contribuerait à ce résultat. L'animal était peut-être au début léger et capable de se soutenir sur son pied inchangé, mais à mesure qu'il augmentait en taille et en poids, il aurait besoin d'une prise plus ferme, et le résultat final de l'écartement des orteils à cet effet pourrait bien avoir été le gros orteil opposable.

Il faut garder à l'esprit, à cet égard, que les singes diffèrent des autres habitants des arbres par le fait qu'ils sont dépourvus de griffes. Les écureuils, les opossums et autres animaux arboricoles ont des griffes acérées, à l'aide desquelles ils peuvent facilement s'accrocher à la surface des branches couvertes d'écorce. Les ongles des singes sont incapables de leur rendre ce service, et il n'est pas facile de concevoir comment un pied comme le leur pourrait s'adapter à la locomotion dans les arbres autrement que par l'acquisition d'une action mobile et d'une puissance de préhension dans les orteils.

Les habitudes existantes de la tribu des singes nous amènent à conclure que l'animal ancestral aurait peut-être bientôt commencé à chercher le soutien des membres supérieurs. Le pied plantigrade est capable de se courber facilement pour devenir un organe de soutien, et dans le cas de l'avant-pied, les orteils auraient tendance à s'écarter et à gagner en souplesse de mouvement, et le premier orteil à devenir opposable aux autres et à permettre une préhension plus complète. pouvoir. Il ne semble pas difficile de comprendre, de ce point de vue, comment les pieds d'un animal plantigrade à cinq doigts ont pu se développer avec le temps en organes de préhension, puisqu'il suffirait d'une flexibilité accrue des articulations et d'un diamètre plus large et plus large. mouvement plus complet des gros orteils. Qu'un tel changement se soit produit dans ce cas, les faits semblent l'indiquer, l'explication la plus simple et la plus probable du développement du pouvoir de préhension dans les mains et les pieds du singe étant apparemment celle donnée ci-dessus.

La relation entre les lémuriens et les singes n'est pas clairement définie. Il peut s'agir d'un animal ancestral, ou les deux animaux peuvent représenter des lignées distinctes. Dans ce dernier cas, nous aurions deux lignes d'évolution animale dans lesquelles le pouvoir de préhension aurait été acquis et l'adaptation à la vie arboricole complétée. Quelle que soit leur relation, ils possèdent tous deux le pouce opposable comme marque distinctive de leur habitat arboricole, et chaque fois qu'ils sont trouvés en train de marcher sur le sol, ils peuvent être considérés comme éloignés de leur lieu de résidence d'origine.

Une fois la puissance de préhension acquise, la première étape du passage de l'attitude quadrupède à l'attitude semi-dressée était achevée. Le processus a peut-être commencé dans l'effort visant à adapter la plante du pied à la surface arrondie des branches ; ou bien sa première étape a peut-être consisté à saisir les branches aériennes avec la main flexible ; ou bien les deux influences peuvent avoir agi simultanément. Nous ne voyons que le résultat, nous ne pouvons pas retracer le processus exact ; mais nous avons pour résultat l'adoption d'une méthode de locomotion différente de celle de tous les autres habitants des arbres, l'avant-pied se développant en main avec son pouce opposable, et l'arrière-pied acquérant un pouvoir de préhension similaire dans les orteils.

Le pouvoir de marcher sur un membre inférieur et de saisir un membre supérieur une fois atteint, une étape successive de l'évolution est rapidement apparue, et elle est de première importance pour notre enquête. L'animal avait cessé d'être un quadrupède au sens plein du terme, bien qu'il ne soit pas encore un bipède, et une variation dans la longueur de ses membres était presque sûre de se produire. C'est un résultat ordinaire lorsque les animaux cessent de marcher à quatre pattes. Chez le kangourou sautant et la gerboise apparaissent un raccourcissement des bras et un allongement des jambes. Ici, les bras sont relevés du devoir et un double devoir est imposé aux jambes, avec la conséquence indiquée. Chez les anciens reptiles dinosaures, marcheurs debout, il en était de même. Il s'agissait d'animaux très petits ou très grands, mais dans tous les cas connus, les membres antérieurs étaient de taille considérablement réduite. Une condition similaire peut être observée chez les oiseaux, dont les os des membres antérieurs ont en grande partie avorté faute d'être utilisés comme organes de marche.

Dans le cas des singes et des lémuriens, même si un effet similaire a eu lieu, une différence intéressante apparaît, due à la différence des conditions. Chez ces animaux, les membres antérieurs ne sont pas libérés de leur fonction d'organes de locomotion. Dans de nombreux cas, au contraire, on leur impose une charge supplémentaire, avec pour résultat qu'ils sont devenus plus longs au lieu de plus courts. Il est très probable que ces animaux différaient considérablement dans le passé comme aujourd'hui dans le degré d'utilisation de leurs jambes et de leurs bras. Beaucoup d'entre eux marchent à la manière des quadrupèdes, soit sur le sol, soit dans les arbres. D'autres utilisent beaucoup leurs mains et leurs bras pour saisir et balancer. De grandes différences dans l'utilisation des bras et des jambes peuvent être apparues selon les espèces. Dans certains cas, les jambes étaient peut-être principalement utilisées pour le soutien et les mains pour la stabilisation. Dans d'autres, les bras peuvent avoir été les principaux organes locomoteurs et les pieds ont assuré la stabilité. Ici, les jambes peuvent avoir grandi en s'allongeant, là, les bras, les membres se sont développés selon leur degré d'emploi. Chez les singes inférieurs et les lémuriens, les os du bassin sont entièrement quadrupèdes. Ce n'est pas le cas dans les formes supérieures, et chez les singes les plus élevés, les os du bassin se rapprochent de ceux de l'homme.

Des exemples très intéressants de ces résultats variés peuvent être observés chez les singes anthropoïdes existants. Dans tous ces cas, il semblerait que le bras ait joué un rôle important dans la locomotion, car dans chaque cas il est plus long que la jambe, mais il diffère dans chaque cas en longueur proportionnelle. Il est plus court chez le chimpanzé, un peu plus long chez le gorille, plus long encore chez l'orang et remarquablement long chez le gibbon. Dans tous ces cas, le fait que les bras dépassent en longueur les jambes indique qu'ils ont dû jouer un rôle important dans le travail de locomotion, et particulièrement dans le cas du gibbon. Il est bien connu, en effet, que les gibbons progressent en grande partie à l'aide de leurs bras, se balançant de branche en branche et d'arbre en arbre avec une force et une facilité extraordinaires. Les jambes y prêtent leur concours, mais les bras sont les principaux organes du mouvement et semblent s'être développés en longueur en conséquence.

En ce qui concerne les autres espèces anthropoïdes, les observations de Wallace sur les habitudes de l'orang sont intéressantes. Cet animal marche habituellement à quatre pattes sur les branches dans une attitude demi-dressée et accroupie, mais notre naturaliste en a vu un se déplacer par l'usage de ses seuls bras. En passant d'arbre en arbre, les bras entrent activement en jeu. L'animal saisit une poignée des branches superposées des deux arbres et se balance facilement à travers l'espace intermédiaire. Bien qu'il semble se déplacer de manière très délibérée, sa vitesse réelle s'est avérée être d'environ six milles à l'heure.

L'organisation de l'homme, telle qu'elle existe aujourd'hui, montre un écart intéressant et important par rapport à celle des singes ressemblant à des hommes, et qui constitue une preuve solide qu'aucun de ces singes n'occupait une place dans sa lignée. C'est un animal aux longues pattes et aux bras courts, une condition inverse de celle observée chez les singes anthropoïdes. Alors que les mains de l'homme arrivent à peine jusqu'au milieu de la cuisse, celles du chimpanzé arrivent en dessous du genou, du gorille jusqu'au milieu de la jambe, de l'orang jusqu'à la cheville et du gibbon jusqu'au sol. Tous ces singes ont des pattes courtes et des bras longs. L'homme, au contraire, a de longues jambes et des bras courts.

La présomption naturelle de ce fait intéressant est que l'ancêtre de l'homme, que nous pouvons provisoirement appeler l'homme-singe, différait essentiellement par son mode de progression des autres singes. Les formes les plus petites se déplacent généralement à quatre pattes dans les arbres, bien que les bras soient toujours prêts à se balancer ou à grimper. Les singes anthropoïdes présentent également une tendance à un mode de progression similaire, mais avec une différence dans leur mode de marche qui, comme nous le verrons plus loin, n'est jamais celui des quadrupèdes. Quant à l'homme-singe, il se peut qu'à l'origine il marchait de la même manière que les espèces apparentées, si l'on suppose que la variation dans la longueur des membres était un développement ultérieur. Certes , après que ses membres eurent atteint les proportions de celles de l'homme, sa facilité à se balancer d'arbre en arbre a dû être diminuée, alors qu'il aurait trouvé gênant de se déplacer dans l'attitude accroupie de l'orang et de ses congénères. Son attitude la plus simple devait alors être celle en position verticale, et son mouvement correspondait à une véritable marche bipède, et non au mouvement de balancement et de saut des autres anthropoïdes. En bref, le développement de l'ancêtre de l'homme en un animal aux bras courts, quelle que soit la manière et le moment où il a eu lieu, ne pouvait que gêner sérieusement sa facilité de mouvement dans les arbres. Bien que ce changement ait pu commencer dans les arbres, il ne s'est probablement pleinement développé qu'après que l'animal ait fait du sol son lieu de résidence habituel.

Il est intéressant de constater que tous les grands singes existants sont arboricoles, le gorille l'étant le moins, probablement à cause de son poids. Bien qu'ils descendent tous parfois jusqu'au sol, leurs mouvements maladroits à la surface montrent qu'ils ne sont pas dans leur élément, alors qu'ils se déplacent avec aisance et rapidité dans les arbres. L'organisation de l'homme rend douteux si son ancêtre primitif était arboricole dans une mesure similaire. Tout semble indiquer qu'il a fait du sol son lieu de résidence habituel à une période précoce de son histoire, et que le résultat de cette nouvelle habitude et de son attitude dressée a été un changement dans la longueur relative de ses membres.

Que cet animal vivait principalement dans les arbres au début de son existence et possédait un puissant pouvoir de préhension dans ses mains, nous avons des preuves corroborantes dans des études récentes sur la vie des enfants. Le nourrisson humain, dans ses premiers jours de vie, fait preuve d'une capacité de préhension remarquable, étant capable de supporter son poids avec ses mains pendant un certain nombre de secondes, ou une minute ou plus, à un âge où ses autres muscles sont flasques et impuissants. Il semble en cela répéter une habitude normale à l'enfant ancestral, un instinct développé pour empêcher une chute de son domicile parmi les branches.

Il est cependant douteux que l'homme-singe soit resté longtemps un animal spécialement arboricole. La longueur variable des bras chez les singes anthropoïdes était sans aucun doute d'origine ancienne et, selon toute probabilité, l'ancêtre de l'homme avait à l'origine un bras plus court que celui des espèces apparentées. Si tel est le cas, cela a dû le rendre moins agile dans les arbres que les autres formes. Si nous pouvions voir cette ancienne créature dans son habitat arboricole, nous la trouverions probablement plus encline à se tenir debout que les autres singes, marchant sur un membre inférieur et se stabilisant en saisissant un membre supérieur. Ce serait un mode de progression plus naturel et plus facile pour un animal aux bras courts que l'attitude accroupie de l'orang ou le mouvement de balancement du gibbon, et son effet serait de rendre l'attitude dressée dans une large mesure habituelle chez cet animal. .

En bref, l'ancêtre de l'homme est peut-être devenu dans une large mesure un bipède alors qu'il était encore en grande partie un habitant des arbres, et à ce degré, il a libéré ses bras pour d'autres tâches que celle de la locomotion. Comme les autres singes, il descendait probablement souvent jusqu'au sol, là où son habitude de marcher debout sur les branches rendait la marche du bipède facile, ou là où cette habitude peut avoir été acquise à l'origine. Bien que cela soit conjectural, il est étayé par des faits d'organisation et d'habitudes existantes, et pour les raisons évoquées, il semble hautement probable que l'ancêtre de l'homme ait élu domicile sur terre à une période précoce de son histoire, grimpant à nouveau pour se nourrir ou se protéger. mais habitant de plus en plus habituellement à la surface de la terre. Même à cette époque lointaine, son organisation est peut-être devenue essentiellement humaine, ses changements ultérieurs portant principalement sur le développement du cerveau et seulement dans une moindre mesure sur sa forme et sa structure physiques.

Les singes fossiles n'ont pas été trouvés plus loin que l'ère géologique du Miocène. Il est cependant fort probable qu'on puisse encore les trouver dans les strates de l'Éocène, puisque des exemples de leurs plus hauts représentants, les singes anthropoïdes ou humains, ont été trouvés dans les roches du Miocène. Le fait que ces grands singes soient aujourd'hui peu nombreux en espèces ne prouve pas que de nombreuses formes n'en aient peut-être pas existé autrefois, et parmi celles-ci nous pouvons classer l'ancêtre de l'homme.

V
LA LIBERTÉ DES ARMES

L'ancêtre de l'homme n'est en aucun cas la seule forme de singe à avoir élu domicile à la surface de la Terre. Le babouin est un exemple d'un certain nombre de formes qui habitent habituellement au sol, bien qu'elles n'aient pas perdu leur agilité en grimpant. Mais ces espèces sont revenues à l'habitude des quadrupèdes, à laquelle les adapte l'égale longueur de leurs membres. Tous les singes anthropoïdes habitent dans une certaine mesure sur le sol, mais on ne peut les appeler ni quadrupèdes ni bipèdes, leur mode de progression habituel étant un compromis délicat entre les deux. On peut en dire autant d'un des lémuriens, le propithèque , le seul membre de sa tribu qui tente de se mouvoir en position verticale. Il ne marche cependant pas, mais progresse par une série de sauts, les bras étant tenus droit, comme pour se maintenir en équilibre.

Parmi les singes, bien que beaucoup puissent se tenir debout, le gibbon est le seul à tenter de marcher dans cette position. C'est une vraie promenade, même si elle n'est pas très gracieuse. L'animal maintient une posture assez droite, mais marche en se dandinant, son corps se balançant d'un côté à l'autre. Ses semelles sont posées à plat sur le sol, les gros orteils étant écartés vers l'extérieur. Ses bras pendent librement sur le côté, sont croisés au-dessus de sa tête ou sont maintenus en l'air, se balançant comme des poteaux d'équilibrage et prêts à saisir tout support aérien. Sa marche est rapidement modifiée en un mouvement différent si une occasion de se précipiter se présente. Aussitôt ses longs bras tombent au sol, les jointures fermées, et il progresse par un mouvement de balancement ou de saut, le corps restant presque droit, mais balancé entre les bras.

Aucun des autres singes anthropoïdes ne marche jamais debout, bien qu'ils adoptent parfois la posture verticale. Mais bien qu'ils utilisent tous leurs membres comme organes de marche, ils ne montrent aucune tendance à revenir à l'habitude des quadrupèdes. Leur mouvement est semblable à celui du gibbon lorsqu'il est pressé, une série de sauts ou de balancements entre les bras de support. Cependant, la brièveté de leurs bras les empêche de se tenir debout, comme le gibbon, pour ce faire ; et ils se penchent en avant dans une certaine mesure en fonction de la longueur de leurs bras, le chimpanzé le plus, l'orang le moins.

En règle générale, la plante plate du pied est posée sur le sol, avec les orteils étendus, comme chez l'homme, mais les orteils sont parfois repliés lors de la marche. L'orang touche rarement le sol avec la plante ou les doigts fermés, mais marche sur le bord extérieur du pied, les pieds étant repliés vers l'intérieur comme s'ils agrippaient les côtés arrondis d'une branche. Les autres espèces ont une tendance dans le même sens, les pattes étant arquées et la démarche roulante. Lorsqu'on utilise les mains pour marcher, les jointures fermées sont généralement placées sur le sol, bien que parfois la paume ouverte soit utilisée. L'ensemble des mouvements de ces animaux est étonnamment maladroit et indique qu'il ne peut y avoir de compromis satisfaisant entre la vie dans les arbres et la vie au sol.

Le fait significatif dans ces tentatives de marche est qu'aucun des singes anthropoïdes ne montre la moindre inclination à revenir à l'habitude des quadrupèdes. Leur attitude est dans tous les cas une approche vers celui qui est dressé, posture atteinte par le gibbon. Les bras ne sont pas utilisés comme organes de marche mais comme organes de balancement. De toute évidence, leur mode de vie dans les arbres a surmonté toute tendance au mouvement quadrupède chez ces singes et a développé une tendance vers le bipède. Mais aucun d'entre eux n'a acquis le développement musculaire de la jambe connue sous le nom de mollet, ni un ajustement des articulations à l'attitude dressée, puisque seul le gibbon marche debout, et il ne le fait qu'à intervalles occasionnels.

La conclusion à tirer de tout cela est que l'homme-singe était à ses débuts un bipède bien plus véritablement que n'importe quelle autre espèce nommée. Comme eux, il n'avait aucune tendance à reprendre l'habitude des quadrupèdes. La brièveté de ses bras n'était pas adaptée à cela, tout en rendant impossible à l'animal de progresser à la manière semi-dressée et balancée des autres singes anthropoïdes. En raison de sa formation corporelle, il peut avoir commencé à marcher debout à une date très lointaine, avec pour conséquence un redressement des articulations et un développement musculaire des jambes. Lorsque cet état fut pleinement atteint, il s'agissait pratiquement d'un homme en conformation physique, bien que mentalement encore un singe, et avec un long développement cérébral à parcourir avant de pouvoir atteindre le niveau mental humain.

Les conclusions de grande portée auxquelles nous sommes parvenus ici sont toutes basées sur un fait important, la brièveté des bras de l'homme par rapport à la longueur disproportionnée des bras chez les singes anthropoïdes. Ceci, pour les raisons évoquées, rendait l'adaptation de l'homme-singe à la vie dans les arbres inférieure à celle des singes aux longs bras ; tandis que, comme nous venons de le dire, il ne lui permettait pas de marcher sur le sol, ni comme un quadrupède, ni selon la méthode de saut de ses congénères anthropoïdes. Bref, l'attitude bipède était de loin la mieux adaptée à son organisation et celle qu'il était le plus susceptible d'adopter. Une fois adoptée comme posture habituelle, l'efficacité de la marche serait gagnée par la pratique.

Lorsque cet animal devint un marcheur au sol, sa facilité de mouvement dans les arbres fut dans une certaine mesure perdue. Lorsque les pieds se sont habitués à la surface plane du sol, ils sont devenus moins capables de saisir la surface arrondie de la branche. L'aptitude à une situation impliquait une perte d'aptitude à l'autre. Les pieds des singes peuvent serrer fermement la branche en s'incurvant autour de ses côtés inclinés opposés, et c'est sans doute à cela que ces animaux doivent leurs pattes arquées et leur disposition à marcher sur le bord extérieur du pied. Cette disposition, l'homme-singe la perdit à mesure que son pied s'adaptait à la surface du sol. Il a probablement été conservé dans une certaine mesure par les jeunes, après avoir été perdu par la forme mature, et se manifeste encore dans la position du pied chez l'embryon humain.

Ces considérations nous amènent à une question importante : pourquoi l'homme-singe a-t-il acquis une longueur de bras qui n'est pas la mieux adaptée à son habitat arboricole ? Pourquoi, en fait, des changements dans la structure physique ont-ils lieu ? Comment un animal parvient-il à passer d'un mode de vie à un autre, alors que pendant la période de transition il est imparfaitement adapté à l'un ou l'autre, et donc apparemment désavantagé dans la lutte pour l'existence ? L'étude du développement animal a donné naissance à certains problèmes difficiles de ce genre, dont certains ont été résolus en montrant que le désavantage supposé ne se produisait pas, ou qu'il était compensé par un avantage égal. De cette manière, un écart considérable dans les conditions de vie a peut-être été parfois comblé. Les petites lacunes ont sans doute été fréquemment comblées de la même manière.

Dans le cas des singes anthropoïdes, on perçoit une variation considérable dans la longueur des bras, depuis les bras très longs du gibbon jusqu'aux bras relativement courts du chimpanzé. Ces différences sont probablement le résultat de certaines différences dans leurs habitudes de vie et s'accordent avec la possibilité d'un bras encore plus court chez l'homme-singe. Il y a cependant quelques raisons de croire, comme nous le montrerons plus tard, que le bras de cet animal était plus long et la jambe plus courte que chez l'homme lui-même, leur longueur relative ne différant peut-être pas beaucoup de celle du chimpanzé. En dehors de toutes les autres considérations, l'utilisation des jambes comme seuls organes de locomotion ne pouvait manquer de produire ce résultat, les jambes devenant plus longues et plus fortes en conséquence du devoir accru qui leur était imposé, et les bras devenant plus courts et plus faibles à mesure leur libération du service de locomotion. Le cas ne diffère pas par son caractère de celui des dinosaures et des kangourous, dans lesquels la libération des bras du service de marche était suivie d'une diminution considérable de la longueur et de la force, tandis que les jambes devenaient proportionnellement plus fortes.

Si le raccourcissement des bras de l'homme-singe présentait un désavantage, au point que cela ait pu se produire dans l'arbre, il était probablement corrélé à un avantage quelconque. Dans les divers cas cités d'animaux à bras courts, cela semble avoir été le cas, et il en était probablement ainsi sous la forme ancestrale de l'homme. Tandis que les mains restaient utiles pour saisir et permettre à l'animal de maintenir sa place sur les branches, elles ont peut-être été progressivement détournées vers d'autres services, avec pour résultat que l'animal trouvait l'arbre moins désirable qu'auparavant comme lieu de résidence et recherchait le sol à la place. Ce serait particulièrement le cas si le nouveau devoir était mieux exercé sur le terrain.

Pouvons-nous proposer une suggestion quant à cette nouvelle utilisation ? De tels changements sont généralement le résultat d'un changement d'habitude chez l'animal, souvent lié à son alimentation. Le changement de régime alimentaire ou de mode d'obtention de nourriture est la cause la plus puissante du changement d'habitudes chez les animaux, et celle qui appelle en premier lieu une considération.

Les singes sont des animaux frugivores, mais pas exclusivement. Beaucoup d'entre eux ont des tendances carnivores. Ils privent les nids d'oiseaux de leurs œufs et de leurs petits, ils capturent et dévorent des serpents et d'autres petits animaux. Dans les jardins zoologiques , on observe souvent des singes attrapant et mangeant des souris. Il est évident que nombre d'entre eux pourraient facilement devenir carnivores dans une large mesure dans des conditions appropriées. Les grands singes sont généralement frugivores, mais certains d'entre eux se nourrissent de nourriture animale. C'est le cas du chimpanzé et du gorille. Ce dernier, tout en vivant habituellement de fruits et en faisant souvent des ravages dans les plantations de canne à sucre et les rizières des indigènes, se nourrit également d'oiseaux et de leurs œufs, de petits mammifères et de reptiles, et on dit qu'il dévore de gros animaux lorsqu'il est trouvé mort, bien que il ne tente pas de les tuer pour se nourrir. Le jeune gorille gardé en captivité à Berlin est devenu tout à fait omnivore dans son alimentation.

Malgré toute cette volonté de manger de la nourriture animale, aucun des singes existants n'est carnivore dans une large mesure, mais le fait de cette tendance rend pas improbable que certains des singes du passé l'aient été bien plus. Il est tout à fait dans les limites de la probabilité, par exemple, que l'homme-singe soit devenu très tôt omnivore dans son régime alimentaire. Son changement de structure pourrait très bien être le résultat d'un changement radical de régime alimentaire, comme celui des fruits au profit des aliments carnés. Un changement aussi radical que celui de l'alimentation végétale au profit de l'alimentation animale exigerait certainement un emploi plus actif des armes comme agents de capture. Les fruits et les noix attendent d'être cueillis ; les animaux doivent être capturés avant de pouvoir être mangés. Le premier est une affaire facile pour un animal arboricole ; cette dernière pourrait s'avérer difficile, surtout si de gros animaux devaient être capturés.

En bref, la poursuite et la capture de l'un quelconque des plus gros animaux comme proies ne pouvaient manquer de modifier dans une grande mesure l'usage des armes. Leur emploi dans la locomotion nuirait sérieusement à leur utilité dans cette direction. Pour réussir à capturer une proie agile par un animal doté de mains en forme de singe, une liberté considérable des bras serait nécessaire, et il faudrait que les pieds soient principalement, sinon entièrement, dépendants du mouvement. Le singe n'a pas les griffes acérées du carnivore pour saisir et retenir sa proie. Il a dû être obligé d'utiliser ses paumes à cette fin, et il n'aurait pas pu le faire s'ils n'étaient pas libres dans leur action.

Il est concevable, en effet, que l'homme-singe ait pu écraser sa proie, ou se jeter dessus de manière cachée et la saisir avec les mains, mais il y a de bonnes raisons de croire que ce n'était pas son mode de capture. L'organisation de la tribu des singes lui confère une action caractéristique qu'on ne retrouve dans aucun autre groupe du vaste règne animal, celle du maniement et du lancement de missiles. En cela, il est nécessairement seul, puisqu'aucun autre animal n'a de paume agrippante. Ce pouvoir est d'une importance primordiale, car sans lui nous ne pouvons pas comprendre comment l'homme aurait pu émerger du règne animal général. L'utilisation de missiles n'est pas rare chez les singes. Nous ne pouvons pas accepter en toute sécurité l'histoire selon laquelle les singes américains jetteraient des noix de coco depuis la cime des arbres sur ceux qui leur lancent des pierres d'en bas, du fait que la noix de coco semble trop lourde et trop fermement fixée à son support pour la force de ces petites espèces. mais il n'est pas rare qu'ils lancent des objets plus légers. Pourtant, ce faisant, ils semblent généralement n'avoir aucune idée de la visée, mais lancent le missile sans but dans les airs. Parmi les grands singes, l'orang casse des branches et les jette sur ses bourreaux, ou jette les épaisses coques du fruit du durian, mais avec le même manque de visée. Les plus habiles dans cet exercice sont certaines espèces de babouins, qui peuvent lancer avec beaucoup d'adresse des branches, des pierres ou des mottes dures.

Il est intéressant de constater que des singes existants utilisent ainsi leur pouvoir de préhension, car cela nous conduit irrésistiblement à la conclusion que l'homme-singe a peut-être fait la même chose. Les espèces qui utilisent des missiles ne parviennent pas à viser pour deux raisons, l'une parce qu'elles ne les emploient qu'occasionnellement, souvent pour imiter l'action humaine, l'autre parce que leurs armes sont mal adaptées à ce mouvement à cause de leur emploi constant à un autre devoir. Dans le cas de l'homme-singe, nous pouvons à juste titre rechercher un résultat plus efficace, car si les armes étaient libérées de leur fonction de locomotion , elles étaient libres d'acquérir plus de facilité d'action dans d'autres directions.

Si, en plus de cela, l'homme-singe commençait à utiliser des missiles dans un but précis, celui d'abattre des proies animales, de sorte que l'usage de ces armes devienne habituel au lieu d'être occasionnel, il acquerrait bientôt une certaine puissance de visée et une certaine puissance de visée. une force et une habileté croissantes dans le mouvement de lancer. Il est également fort probable qu'au début, les armes étaient utilisées sous la forme de massues, qu'on tenait en main pour abattre la proie lorsqu'elle était rattrapée. Dans ce cas, nous pouvons imaginer notre bipède primitif courant rapidement après sa proie, gourdin à la main, la frappant lorsqu'il est à sa portée ; ou, s'il s'avère trop rapide, lancer le club ou une pierre dans les airs dans l'espoir de le faire tomber de cette manière. Une telle action de lancement, si elle réussissait de temps en temps, deviendrait probablement bientôt habituelle ; tandis que le bras s'habituerait à ce nouveau mouvement et acquerrait l'habileté de viser. Nous pouvons également raisonnablement en déduire que la massue serait utilisée aussi bien pour la défense que pour l'attaque, au cas où l'homme-singe serait à son tour poursuivi par des animaux plus gros. Au lieu de fuir vers l'arbre le plus proche, il pourrait désormais tenir bon et repousser son ennemi.

Tous doivent admettre la probabilité, chez une grande tribu d'animaux possédant un pouvoir de préhension entre leurs mains et ayant l'habitude d'utiliser des missiles de temps en temps, qu'une ou plusieurs espèces en viennent à s'en servir habituellement. Tous les singes anthropoïdes sont certainement assez intelligents pour faire cela, si cela s'avère avantageux pour eux. Son principal avantage semble cependant résider dans une espèce devenue largement carnivore et devant capturer des proies courant ou volant.

L'habitude d'utiliser des outils est d'une importance capitale dans l'évolution animale. C'est à elle que nous devons l'homme tel qu'il existe aujourd'hui. Alors que les animaux se limitaient à leurs armes naturelles que sont les dents et les griffes, leur développement devait rester très lent et confiné dans des limites étroites. Lorsqu'ils commencèrent à ajouter à leurs pouvoirs naturels ceux de la nature environnante, par l'emploi d'armes artificielles, le premier pas dans une gamme nouvelle et illimitée d'évolution fut franchi. Depuis ce jour jusqu'à aujourd'hui, l'homme s'est occupé de développer cette méthode et a énormément progressé au-delà de son état originel. Un usage simple et grossier des armes lui donna, avec le temps, la suprématie sur tous les animaux inférieurs. Un usage avancé des armes et des outils lui a conféré, dans une certaine mesure, la suprématie sur la nature elle-même et l'a élevé à un stade presque infiniment supérieur à celui de l'animal qui ne se fie qu'à ses dents et à ses griffes.

Autant que nous le sachions, une seule des innombrables espèces animales a atteint ce développement ; à moins, en effet, que les différentes races humaines aient eu plus d'un ancêtre singe. Pour l'apparition de l'homme, il devenait nécessaire, premièrement, le développement d'un ordre d'animaux dotés d'un pouvoir de préhension dans leurs mains ; et, deuxièmemement, le développement d'une ou plusieurs espèces de bipèdes, avec des mains libérées de leur fonction d'organes de marche et capables d'être utilisées dans d'autres directions. Une troisième nécessité était très probablement l'échange de l'habitude frugivore contre l'habitude carnivore, qui agirait comme un agent prédisposant en incitant l'animal à abandonner l'arbre pour la terre et à employer des armes dans la chasse. Le résultat final de tout cela serait un animal debout, marchant et courant, avec les bras et les mains tout à fait libres de leur ancien devoir, sauf lors d'un retour occasionnel à l'arbre, et avec le redressement nécessaire des articulations et le développement des muscles de soutien.

Ce qui a été avancé ci-dessus est, sans aucun doute, en grande partie une série d'hypothèses et de conjectures, dont peu d'entre elles sont étayées par des faits connus. Mais dans l'état actuel des choses, aucune autre méthode ne peut être adoptée pour y remédier, puisque les faits de l'affaire ont en grande partie disparu. Ce que nous savons positivement, c'est que l'homme existe et que sa structure physique est très étroitement apparentée aux singes anthropoïdes. Ce dont nous avons d'excellentes raisons d'être assurés, c'est que l'homme descend des animaux inférieurs et, selon toute probabilité, d'un ancêtre ressemblant à un singe. Nous savons qu'une ou plusieurs espèces de singes anthropoïdes ont disparu et pouvons raisonnablement supposer qu'une espèce ancienne s'est modifiée pour prendre la forme de l'homme. Nous savons que des restes humains ont été découverts et comblent, dans une certaine mesure, le fossé entre l'homme et le singe. Des preuves corrélatives existent dans les variations de longueur des membres chez les anthropoïdes existants, leurs efforts pour marcher debout, leur degré variable de dépendance à l'égard des bras pour la locomotion et l'utilisation occasionnelle de missiles par ces formes et par des formes inférieures. À ceux-ci peuvent s'ajouter les goûts carnivores manifestés par de nombreux membres de la famille des singes, ce qui indique que des habitudes carnivores plus prononcées pourraient facilement être adoptées.

En partant du principe qu'un tel singe anthropoïde en partie carnivore, de structure bipède, est apparu et a fait du sol son lieu de résidence habituel, nous nous trouvons sur la trace directe de l'homme. Aussi lointain que cela ait pu être, et aussi long et difficile que fût le voyage à accomplir, le chemin était désormais droit et bien défini. Un tel animal, vivant en grande partie de nourriture animale et utilisant des armes supérieures à ses armes naturelles pour capturer des proies, était essentiellement un homme, aussi bas que puisse être son niveau d'intelligence. Ses pieds étaient fermement fixés sur la voie ascendante, et il ne lui fallait que du temps et le stress des circonstances pour l'élever jusqu'au niveau élevé de l'homme civilisé.

Nous pouvons effectivement aller plus loin. Nous sommes dans une certaine mesure fondés à dire à quoi ressemblait cet homme-singe, cette créature qui avait quitté son habitat initial dans les arbres et commença à marcher debout sur la terre, poursuivant les plus gros animaux et les capturant pour se nourrir. Il était probablement beaucoup plus petit que l'homme existant, mesurant à peine plus de quatre pieds et pas plus de la moitié du poids de l'homme. Son corps était couvert, mais pas abondamment, de poils, les cheveux de la tête étant de texture laineuse ou crépue, et le visage muni d'une barbe. Le teint n'était pas noir de jais, comme celui du nègre typique, mais d'une teinte brun terne, les cheveux étant d'une couleur quelque peu similaire. Les bras étaient maigres et plutôt longs, le dos très courbé, la poitrine plate et étroite, l'abdomen saillant, les jambes plutôt courtes et arquées, la démarche d'un mouvement de dandinement, un peu comme celui du gibbon. Il avait de petits yeux enfoncés, une bouche très saillante avec des lèvres béantes, des oreilles énormes et, en général, un aspect très singe. Notre garantie pour cette description de l'ancêtre de l'homme doit être laissée pour une partie ultérieure de notre travail. Nous dirons seulement ici qu'elle repose sur des faits connus et non sur des fantaisies.

VI
LE DÉVELOPPEMENT DE L'INTELLIGENCE

L'adoption complète de l'attitude dressée a donné à l'ancêtre de l'homme une immense suprématie motrice sur les animaux inférieurs, car elle a complètement libéré ses membres antérieurs de leur fonction d'organes de soutien et les a libérés pour des objectifs nouveaux et supérieurs. Dans tout le règne animal au-dessous de l'homme, il n'existe qu'une seule forme qui l'imite dans cette possession d'un organe de préhension qui ne participe ni à la marche ni aux autres modes de locomotion. Il s'agit de l'éléphant, dont le nez et la lèvre supérieure se sont développés en une trompe énorme et très flexible, dotée d'un pouvoir de préhension délicat. La possession de cet organe a peut-être beaucoup à voir avec la perspicacité intellectuelle de l'éléphant. Pourtant, ses pouvoirs sont bien inférieurs au bras et à la main de l'homme ; tandis que la forme, la taille et la nourriture de l'éléphant font obstacle aux progrès qui auraient pu être réalisés par un animal possédant un tel organe en relation avec une structure corporelle mieux adaptée.

Pendant une période de plusieurs millions d'années, le monde de la vie vertébrée est resté quadrupède, et lorsqu'une variation de cette structure se produisait, les membres antérieurs restaient dans une large mesure des organes de locomotion. Enfin un véritable bipède est apparu. Pendant une période d'une durée égale , les progrès mentaux des animaux furent extrêmement lents. Puis, avec une soudaineté presque surprenante, un animal hautement intellectuel est apparu. Ainsi, l'arrivée de l'homme indiquait, dans deux directions, une déviation extraordinaire par rapport au cours ordinaire du développement animal. L'évolution physique et mentale a semblé faire un bond énorme, au lieu de procéder par étapes infimes habituelles, et avec l'avènement de l'homme, nous avons un phénomène remarquable aussi bien dans le développement du corps que dans celui de l'esprit.

Jusqu'à présent , notre attention s'est portée sur l'évolution du corps humain, nous devons maintenant considérer celle de l'esprit humain. En recherchant dans le règne animal l'ancêtre probable de l'homme sous son aspect corporel, nous avons été irrésistiblement attirés par la tribu des singes, comme la seule à se rapprocher de lui dans sa structure. En considérant le cas du point de vue du développement mental, nous constatons une attirance irrésistible similaire vers les singes, en tant que mammifères les plus spontanément intelligents . Alors que de nombreux animaux inférieurs sont capables d'être instruits, le singe est presque seul dans le pouvoir de penser par lui-même, caractéristique de l'auto-éducation.

D'innombrables témoignages d'observateurs pourraient être cités pour prouver les pouvoirs mentaux supérieurs des singes. Hartmann dit d'eux que

« leur intelligence les place bien au-dessus des autres mammifères », et Romanes qu'ils « surpassent certainement tous les autres animaux dans l'étendue de leur faculté rationnelle ». Il n'est guère nécessaire ici de donner de longs exemples de l'intelligence des singes. Des centaines d'exemples ont été enregistrés, bon nombre d'entre eux démontrant des capacités de raisonnement remarquables pour l'un des animaux inférieurs. Le singe, il est vrai, n'est pas le seul à pouvoir être enseigné. Presque tous les animaux domestiques peuvent être instruits, le chien et l'éléphant dans une large mesure. Et des preuves de raisonnement sur un sujet par elles-mêmes apparaissent de temps en temps chez les espèces domestiquées ; mais ce sont des cas rares, et non des actes fréquents comme dans le cas des singes.

En effet, les singes ont rarement besoin d'être enseignés. Ils observent et imitent à un degré bien supérieur à celui affiché par tous les autres animaux inférieurs, et cela est d'autant plus remarquable que dans presque tous les cas, les animaux concernés ont commencé leur vie à l'état sauvage et n'avaient aucun des avantages de l'influence héréditaire. possédé par le chien et le cheval domestiques. Parmi les exemples les plus intéressants d'actes spontanés d'intelligence de la tribu des singes figurent ceux relatés par Romanes, dans son "Intelligence animale", des agissements d'un singe cebus , qu'il gardait pendant plusieurs mois sous étroite observation dans sa propre maison. Au lieu de sélectionner des exemples généraux d'actions de singes, nous pouvons citer quelques-unes des actions de cette créature intelligente.

Le cebus n'attendait pas qu'on lui montre comment faire les choses, mais était un adepte de l'invention des moyens de les faire lui-même. Il avait l'amour du singe pour le mal bien développé, et peu de choses qui étaient cassables ne sortaient pas entières de ses mains. Ne parvenant pas à briser un coquetier en le jetant à terre, il le martelait sur le montant d'un lit en laiton jusqu'à ce qu'il soit en fragments. En cassant un bâton, il le faisait passer entre un objet lourd et le mur et le cassait en le suspendant à son extrémité. En détruisant un vêtement, il commençait par arracher soigneusement les fils, puis le déchirait en morceaux avec ses dents. Il brisa ses noix avec un marteau exactement comme l'aurait fait un homme et sans qu'on lui montre son utilité. Le ridicule ne lui était pas agréable ; il n'aimait pas qu'on se moque de lui et jetait tout ce qui était à sa portée sur son bourreau et avec une habileté et une force qui ne sont pas habituelles chez les singes. Prenant le missile à deux mains et se tenant droit, il étendait ses longs bras derrière son dos et lançait l'article en les avançant avec force.

Si un objet qu'il voulait était trop loin pour être atteint, il l'attirait vers lui avec un bâton. N'y parvenant pas, on le vit rejeter un châle sur sa tête, puis le jeter en avant de toutes ses forces, en le tenant par deux coins. Lorsqu'il tombait sur l'objet, il le mettait à sa portée en rentrant le châle. Dans ses girations, la chaîne par laquelle il était attaché s'enroulait souvent autour d'un objet. Il l'examinerait maintenant attentivement, en le tirant dans des directions opposées avec ses doigts jusqu'à ce qu'il découvre comment se déroulaient les virages. Cela fait, il inverserait soigneusement ses mouvements jusqu'à ce que la chaîne soit complètement démêlée.

L'acte d'intelligence le plus frappant rapporté de cette créature fut ses relations avec une brosse à foyer qui lui tomba entre les mains et dont le manche était vissé dans la brosse. Il ne lui fallut pas longtemps pour découvrir comment dévisser la poignée. Lorsque cela fut réalisé, il commença immédiatement à essayer de le revisser. Ce faisant, il a fait preuve d'une grande ingéniosité. Au début , il a mis l'envers du manche dans le trou et l'a tourné en rond dans le bon sens pour le vissage. Constatant que cela ne fonctionnerait pas, il l'enleva et essaya l'autre extrémité, en tournant toujours dans la bonne direction. C'était un exploit difficile à réaliser, car il devait tourner la vis à deux mains, tandis que les poils flexibles de la brosse l'empêchaient de rester stable. Pour faciliter ses opérations, il tenait désormais la brosse avec un pied, tout en la tournant avec les deux mains. Il était encore difficile de faire le premier tour de vis, mais il travailla avec une persévérance infatigable jusqu'à ce qu'il parvienne à accrocher le filetage, puis à le visser jusqu'au bout. Ce qui est remarquable, c'est qu'il n'essayait jamais de tourner la poignée dans le mauvais sens, mais la vissait toujours de gauche à droite, comme s'il savait qu'il devait inverser le mouvement initial. L'exploit accompli, il le répéta et continua jusqu'à ce qu'il puisse l'exécuter facilement. Puis il jeta le pinceau, ne s'intéressant apparemment plus à ce sur quoi il avait travaillé avec tant d'obstination. Aucun homme n'aurait pu se consacrer avec plus d'ardeur à l'apprentissage d'un nouvel art et y devenir plus indifférent une fois appris. Ce ne sont là que quelques-uns des nombreux actes d'intelligence observés par M. Romanes dans les agissements de cet animal. Ils suffiront comme exemples de ce que nous entendons par intelligence spontanée. Il n'était pas nécessaire de montrer au cebus comment faire les choses ; il les a élaborés lui-même à la manière d'un homme, accomplissant des actes d'une complexité bien au-delà de tout ce qui a jamais été observé chez d'autres classes d'animaux en captivité. On peut dire en outre que les manifestations d'intelligence spontanée manifestées par les chiens, les chats et les animaux similaires ont généralement été destinées, d'une manière ou d'une autre, à l'avantage de l'animal ; rares sont ceux, voire aucun, qui indiquent un simple désir de savoir sans avantage ultérieur ; pas d'effort persévérant, comme celui du pinceau, qui n'est qu'un exemple d'auto-apprentissage.

Des exemples d'intelligence de ce caractère avancé pourraient être cités à partir de l'observation de singes de diverses espèces. Les singes anthropoïdes n'ont pas été largement observés, mais se distinguent par leur intelligence en captivité. Il n'est pas facile de les observer dans l'état de nature, et presque tout ce que nous savons, c'est que l'orang se fait la nuit un lit de branches cassées et soigneusement assemblées, et qu'on dit qu'il se couvre de grandes feuilles, si le le temps est humide. Le chimpanzé a une habitude similaire, et le gorille se construit, dit-on, un nid dans lequel dorment la femelle et les petits, le vieux mâle se reposant au pied de l'arbre, se gardant de son dangereux ennemi, le léopard.

Ce sont les jeunes animaux de ces espèces qui sont les plus sociaux et les plus dociles et qui se rapprochent le plus de l'homme en apparence. À mesure qu'ils grandissent, leurs caractères spécifiques s'accentuent. Aussi féroce et maussade que soit le vieux gorille, le jeune de cette espèce est joueur et affectueux en captivité et se livre à des tours espiègles. Celui qui fut gardé pendant un certain temps à Berlin montra beaucoup de bon caractère, d'espièglerie et d'intelligence, ainsi qu'un certain degré de malice de singe. Elle se montra très rusée dans l'exécution de ses projets, notamment en volant le sucre dont elle était très friande.

Les principaux exemples d'intelligence anthropoïde sont ceux du chimpanzé, qui a été le plus souvent gardé en captivité. Il est généralement vif et de bonne humeur et très instructif. Certaines des histoires de son intelligence peuvent être apocryphes, comme celles racontées par le capitaine Grandpré d'un chimpanzé qui effectuait toutes les tâches d'un marin à bord d'un navire, et d'un autre qui chauffait le four d'un boulanger et l'informait quand il était de la bonne température. Mais il existe des histoires authentiques sur l'intelligence du chimpanzé qui lui confèrent à cet égard une position élevée parmi les animaux inférieurs.

La nature émotionnelle du singe est également très développée. Il manifeste une affection égale à celle du chien et une sympathie surpassant celle de tout autre animal inférieur à l'homme. Le sentiment manifesté par les singes pour les autres de leur espèce qui souffrent est de la nature la plus touchante, et Brehm raconte que chez les singes de certaines espèces gardés par lui en captivité en Afrique, le chagrin des femelles pour la perte de leurs petits était si grand. intense au point de provoquer leur mort. Plus d'une fois, un chasseur ardent a vu de tels exemples de tendre sollicitude chez les singes pour les blessés et de chagrin pour les morts qu'ils se sont résolus à ne plus jamais tirer sur un membre de cette race .

James Forbes, dans ses « Mémoires orientales », rapporte un exemple frappant de ce genre. L'un des membres d'une équipe de tir avait tué une singe femelle dans un banian et l'avait transportée jusqu'à sa tente. Quarante ou cinquante membres de la tribu se rassemblèrent bientôt autour de la tente, bavardant furieusement et menaçant d'une attaque, dont ils ne furent détournés que par le déploiement de la pièce à chasser, dont ils semblaient parfaitement comprendre les effets. Mais tandis que les autres se retiraient, le chef de la troupe restait sur place, poursuivant son bavardage menaçant. Ne trouvant cela inutile, il s'approcha de la porte de la tente, en gémissant tristement, et par ses gestes semblant implorer le cadavre. Lorsqu'on le lui remit, il le prit tristement dans ses bras et l'emporta à la troupe qui l'attendait. Ce chasseur n'a plus jamais tiré sur un singe.

Ce profond sentiment pour les morts n'est probablement pas courant chez les singes. Le gibbon, par exemple, ne prêterait aucune attention aux morts. Il est cependant très sympathique envers ses compagnons blessés et malades, et ce sentiment semble commun à tous les singes. Aucun être humain ne pourrait montrer plus de tendresse envers ses compagnons blessés ou sans défense que ce que l'on a souvent vu chez les membres de cette tribu d'animaux affectueux.

Sans donner d'autres exemples de l'intelligence et de la sympathie des singes, nous pouvons dire qu'ils possèdent à un degré marqué les facultés mentales auxquelles l'homme doit tant, à savoir. observation et imitation. Le singe est le plus curieux des animaux inférieurs, c'est-à-dire qu'il possède la faculté d'observation à un degré inhabituel. Ce que nous appelons curiosité chez le singe est la forme fondamentale de la caractéristique que nous appelons attention ou observation chez l'homme. Sa grande activité apparente chez le singe est celle à laquelle on pourrait naturellement s'attendre chez un animal observateur lorsqu'il est retiré de son habitat naturel vers un endroit où tout autour de lui est nouveau et étrange. Dans des circonstances semblables, l'homme est aussi curieux que le singe, tandis que ce dernier ne trouve probablement pas grand-chose dans ses arbres indigènes pour exciter son attention particulière. Chez l'homme comme chez le singe, il faut de la nouveauté pour exciter la curiosité.

Encore une fois, le singe imite à un haut degré. Cette faculté n'est pas non plus partagée par les animaux inférieurs, mais elle est commune à l'homme, l'imitation étant l'une des méthodes par lesquelles il a atteint sa suprématie. L'observation, l'imitation, l'éducation, sont les trois leviers du développement de l'intellect humain. Le singe possède les deux premiers à un degré marqué. Il est également sensible à ce dernier point, étant très enseignable. L'éducation existe certainement dans une certaine mesure chez les singes dans leur habitat naturel, peut-être dans une mesure aussi grande que chez l'homme primitif. Dans ce dernier cas, il est douteux qu'il y ait eu beaucoup de choses que l'on puisse appeler une éducation conçue, les jeunes acquérant leur degré de connaissance en observant et en imitant leurs aînés. Il en va certainement de même chez les singes.

Nous pouvons raisonnablement nous demander ce qu'il y a dans la vie et le caractère des singes qui leur confèrent cette supériorité mentale sur les autres animaux inférieurs. Ce n'est certainement pas dû à la vie arboricole et à la faculté de préhension de ces animaux, car en cela ils ressemblent aux lémuriens, qui manquent beaucoup d'intelligence. La question de savoir si les singes sont issus des lémuriens ou si les deux groupes se sont développés côte à côte est une question encore en suspens ; en tout cas, leurs conditions d'existence sont très semblables. Pourtant, alors que les singes sont les animaux les plus intelligents et les plus enseignables, les lémuriens sont parmi les mammifères les moins intelligents . Il y a ici une distinction marquée qui n'est évidemment pas due à une différence de structure ou d'habitat, et doit avoir son origine dans quelque autre caractéristique, telle qu'une différence dans les habitudes de vie.

Il n'y a certainement rien dans l'alimentation du singe qui puisse développer son intelligence. Les animaux frugivores et herbivores n'ont pas besoin de ruse et d'astuce autant que celles nécessaires aux animaux carnivores. Ils n'ont pas besoin de poursuivre ou d'attendre une proie ; et ils échappent à leurs ennemis principalement grâce à la force, la vitesse, la dissimulation ou d'autres pouvoirs ou méthodes physiques. L'évasion peut occasionnellement développer la vigilance mentale, mais ce n'est généralement pas le cas. Certes, si les habitudes alertes, vigilantes et méfiantes des singes sont dues à la nécessité d'éviter des ennemis dangereux, nous pourrions naturellement rechercher des habitudes similaires chez les lémuriens, qui se trouvent dans une situation similaire. Et si l'on considère la large répartition des singes à travers les tropiques des deux hémisphères, et leur grande diversité d'espèces et de conditions, il semble très improbable que dans toutes ces localités leurs relations avec d'autres animaux soient telles qu'elles développent la vigilance mentale qui ils affichent si généralement. Le fait semble être que, bien que cela puisse être une cause, ce n'est pas une cause principale du développement mental chez les animaux, et qu'il faut chercher ailleurs l'origine de l'intelligence animale.

En effet, la recherche nous mène à des exemples d'intelligence là où nous devrions le moins nous attendre à la trouver. Parmi les mammifères, nous en voyons un exemple frappant chez les castors, le seul dans la grande classe des rongeurs, avec leurs neuf cents espèces ou plus. Mais il faut descendre encore plus bas, vers les insectes, pour en trouver les exemples les plus frappants, et les trouver seuls dans les fourmis, les abeilles et les termites, parmi la grande multitude des formes d'insectes. Des cas moins marqués apparaissent chez les éléphants, chez certains oiseaux et chez certains autres animaux grégaires.

De ces exemples, et de ce qui est connu ailleurs sur l'intelligence animale, on peut tirer une conclusion générale, à savoir que tous les animaux étonnamment intelligents ont des habitudes fortement sociales, et qu'on ne trouve aucune manifestation marquée d'intelligence parmi les espèces solitaires. Cette conclusion devient presque une démonstration dans le cas des fourmis et des abeilles. Les fourmis, par exemple, comprennent des centaines d'espèces, réparties sur la majeure partie du monde, principalement sociales, mais parfois solitaires. Les espèces sociales, bien que très variables dans leurs habitudes, font toutes preuve de pouvoirs d'intelligence, et ceux-ci sont si diversifiés qu'ils indiquent de nombreuses lignes distinctes d'évolution. Les fourmis solitaires, au contraire, ne manifestent aucune intelligence particulière et ne s'élèvent pas au-dessus du niveau général des insectes. On peut en dire autant des abeilles. L'abeille domestique, dont l'habitude est la plus commune, présente les traits les plus élevés d'activité intelligente. Les abeilles qui forment des groupes plus petits et les guêpes sociales se situent à un niveau inférieur, tandis que les abeilles et les guêpes solitaires sombrent dans le plan des insectes ordinaires. Nous arrivons aux mêmes conclusions de l'observation des termites sociaux ou fourmis blanches, dont quelques espèces sont remarquables par leur coopération intelligente et leur division des devoirs.

Des exemples de même nature peuvent être tirés des vertébrés. Parmi les oiseaux, il n'y en a pas de plus vif d'esprit que les corbeaux sociaux, ni de moins intelligent que les espèces carnivores solitaires. Les oiseaux sont plutôt grégaires que sociaux. Il existe peu d'espèces dont l'association dépasse celle d'une simple agrégation en vol. Ceux qui sont plus typiquement sociaux ont généralement des habitudes spéciales qui indiquent une intelligence – comme dans les cas souvent cités de leurs délinquants apparemment essayant et exécutant. Parmi les mammifères carnivores, la tribu sociale des chiens ou des loups présente l'habitude intelligente de l'entraide . Les chevaux, bœufs, cerfs et autres animaux ongulés grégaires ont un certain degré de division des tâches, mais leur intelligence est d'un degré inférieur à celle des chiens et des éléphants. Dans l'ensemble, on peut affirmer que l'habitude sociale s'accompagne souvent de cas d'intelligence spéciale auxquels nous ne trouvons pas d'équivalent parmi les formes solitaires, et que les plus hautes manifestations d'intelligence chez les animaux inférieurs se trouvent dans les formes qui possèdent des caractéristiques communes. habitudes, comme les fourmis, les abeilles, les termites et les castors.

Une caractéristique importante des animaux communautaires est qu'ils se spécialisent mentalement. Ils rassemblent leurs pouvoirs, construisent des barrières d'habitudes qu'ils ne peuvent franchir, accomplissent les mêmes actes avec une itération si interminable que ce qui a commencé comme intellect retombe dans l'instinct. Chaque individu a des devoirs fixés et est enfermé dans un cercle limité d'actes, dont il ne peut pas dépasser la portée, ou seulement dans une mesure infime.

Les animaux sociaux non communautaires, au contraire, ne sont pas ainsi restreints. Leur intelligence est de caractère généralisé et est capable de se développer selon de nouvelles voies. Aucun n'est lié à des devoirs particuliers, chacun possède les pleins pouvoirs de tous, et ils sont donc plus ouverts à une croissance continue de l'intellect que les formes communautaires. A cette classe appartient le singe. Son intelligence est générale et non spéciale ; largement susceptible de développement, non restreint et limité par la limitation de certains devoirs fixes et spéciaux.

Les suggestions proposées ci-dessus indiquent trois degrés de communauté parmi les animaux, que l'on peut désigner comme communal, social et solitaire. Parmi celles-ci, il existe bien entendu de nombreuses étapes de transition de l'une à l'autre. Les individus spécialement communautaires, y compris les fourmis, les abeilles, les termites et les castors, sont ceux dans lesquels il y a une perte presque totale d'individualité, chaque membre travaillant pour le bien de la communauté en tant qu'unité, et non pour son avantage personnel. Il en résulte des industries organisées, une division et une spécialisation des tâches, une maison commune, un stock de nourriture, etc. A un niveau inférieur de la vie animale, celui des polypes hydroïdes, le communisme est devenu si complet que la communauté s'est transformée en un véritable individu. , les membres n'étant pas libres, mais agissant comme des organes d'une masse globale, dans laquelle chacun accomplit un devoir spécial pour le bien de la communauté.

Les animaux sociaux diffèrent des animaux communautaires en ce que l'individualité de leurs membres est pleinement préservée. Il existe une certaine mesure de travail pour le groupe, un certain degré d'entraide, une certaine évidence de leadership et de subordination, mais ceux-ci se limitent à quelques exigences de la vie, tandis que dans la plupart des détails de l'existence, chaque membre du groupe agit pour lui-même. . Les animaux solitaires sont ceux qui ne forment pas des groupes plus grands que celui de la famille, et dans la vie desquels le principe d'entraide, en dehors des relations familiales immédiates, n'entre pas. Chacun agit pour lui-même et les rapports sexuels entre les individus de l'espèce sont très restreints.

Les avantages des habitudes sociales chez les animaux sont évidents. Il y a d'excellentes raisons de croire que tous les animaux, et en particulier les formes avancées telles que les vertébrés et les arthropodes supérieurs, possèdent un certain pouvoir de développement mental et une certaine facilité à concevoir de nouvelles méthodes d'action pour faire face à des situations nouvelles. Même si leur capacité de raisonnement est réduite, elle n'est pas tout à fait insuffisante, et de nombreux exemples de l'exercice de la faculté de penser pourraient être cités s'il le fallait.

Ce qui nous intéresse ici, c'est le résultat final de tels exercices des pouvoirs de pensée individuels. Dans le cas des formes solitaires, ces nouvelles conceptions meurent avec l'individu. Bien qu'elles puissent exercer une influence sur le développement du système nerveux et contribuer à la transmission héréditaire de facultés cérébrales plus actives, elles se perdent en tant qu'idées spéciales et ne parviennent pas à être reprises et répétées par les autres membres de l'espèce. Ce n'est pas le cas des animaux sociaux. Chacun d'eux a une certaine faculté d'observation et une certaine tendance à l'imitation, et les progrès utiles réalisés par les individus sont susceptibles d'être observés et retenus comme habitudes générales de la communauté. Tout ce qui est important acquis peut être préservé par des influences éducatives. La facilité de communication mentale entre ces créatures est peut-être beaucoup plus grande qu'on ne le suppose généralement, et des actes importants qui ne sont pas directement observés pourraient dans de nombreux cas être transmis par répétition au profit du groupe. Nous savons que c'est là le principal agent du progrès humain. Les idées nouvelles sont rares chez l'homme. Les idées de valeur permanente ne viennent pas à l'esprit d'un pour cent, peut-être pas d'un centième d'un pour cent, de l'humanité civilisée, et pourtant peu de ces idées se perdent, et ce qui s'est avéré avantageux pour un individu devient bientôt le courant commun. possession d'une communauté.

Parmi les animaux inférieurs, les idées nouvelles et avantageuses sont probablement extrêmement rares. Lorsqu'ils surviennent, leur avantage par rapport aux formes solitaires est très léger, étant celui des étapes infimes du développement cérébral et de la transmission héréditaire de celui-ci. Pour les formes sociales, ils sont doublement avantageux, car, s'ils contribuent au développement du cerveau, ils peuvent aussi être conservés sous leur forme originale et transmis directement aux membres du groupe. Ils sont encore plus avantageux pour les animaux communautaires, à cause de leurs relations plus étroites et de leur association constante dans des actes d'entraide. Mais dans ce dernier cas, leur influence s'exerce généralement au profit de la communauté en tant qu'unité, tandis que dans le cas des animaux sociaux, elle profite à l'individu.

Le résultat d'un tel processus d'évolution dans le cas des animaux communautaires est une stricte spécialisation. Une série d'actes bénéfiques pour la communauté se développent lentement et se répètent si fréquemment qu'ils deviennent instinctifs, tandis que surgit un cercle fixe de devoirs dont il est presque impossible de rompre les liens. Il n'y a aucune raison de croire que l' initiative individuelle fasse défaut. La gamme variée de devoirs d'une communauté de fourmis, par exemple, n'a pu naître que par étapes successives de progrès à partir de la condition des fourmis solitaires. Si de telles mesures ont été prises, d'autres peuvent être prises et seront probablement conservées si elles sont jugées avantageuses. L'individu fourmi conserve ses pouvoirs d'observation et de pensée et peut initier de nouveaux processus. Mais la plupart des communautés de fourmis sont déjà si parfaitement adaptées à leurs conditions de vie qu'elles laissent peu de possibilités d'amélioration, de sorte que l'adoption d'habitudes nouvelles et avantageuses sera certainement extrêmement rare.

Il est intéressant de noter que le communautarisme s'est limité à des animaux relativement peu organisés. Les exemples les plus complets en existent dans les polypes et quelques autres formes basses, dans lesquelles chaque communauté est devenue un individu composé, les membres restant attachés à la souche parentale. Les exemples les plus élevés suivants sont les fourmis et les abeilles fréquemment citées, appartenant à la classe peu organisée des arthropodes , mais qui, grâce aux avantages de l'association et de l'entraide, développent des actions et des habitudes que l'on ne trouve qu'ailleurs dans la race humaine. Le seul exemple parmi les vertébrés est celui des castors, membres de l'ordre inférieur des rongeurs. Avec celles-ci, les résultats sont moins variés et moins complexes qu'avec les fourmis, en raison de la taille beaucoup plus petite de la communauté. Tous les vertébrés supérieurs ont des habitudes soit sociales, soit solitaires, et parmi eux la spécialisation étroite des formes communautaires n'existe pas. Chaque individu travaille dans une large mesure pour lui-même, ses facultés mentales restent généralisées et il n'est pas lié à l'accomplissement d'une série d'actes héréditaires fixes dont il est presque impossible d'échapper.

Parmi les animaux sociaux, l'homme présente le type le plus complet et celui dont on peut le mieux déduire les conditions de classe. Une communauté humaine est composée d'individus présentant de nombreux degrés de capacité intellectuelle, la masse restant à un niveau faible, le petit nombre atteignant un niveau élevé. Pourtant, ceux qui possèdent de hautes puissances intellectuelles fixent les normes pour l'ensemble, enseignent les niveaux inférieurs soit par précepte, soit par exemple, et contribuent efficacement à faire progresser le niveau de la communauté. On dit qu'une corde ou une chaîne est aussi faible que sa partie la plus faible. Au contraire, on peut dire qu'une communauté humaine est aussi forte que ce qu'elle contient de plus fort. La position de l'ensemble dépend des pensées et des actes de quelques-uns, dont la masse générale reçoit de nouvelles idées et acquiert de nouvelles habitudes. La situation intellectuelle et industrielle actuelle de l'humanité est dans une large mesure le résultat d'idées développées par les individus au fil des âges et préservées en tant que propriété mentale de l'ensemble. Détruire les livres et les œuvres d'art et d'industrie de toute communauté, couper ses dirigeants intellectuels, ôter de l'esprit général les résultats de l'éducation, et elle retomberait aussitôt à un niveau bas et serait obligée de recommencer sa lente ascension vers le haut. . La position intellectuelle de toute nation civilisée dépend de deux choses : la préservation dans les livres, dans la mémoire et dans les œuvres d'art et d'industrie des idées des anciens ouvriers et penseurs ; et l'activité mentale des penseurs et des inventeurs vivants, dont le travail part de ce point de vue de la pensée emmagasinée. En privant une communauté de toutes ses idées fondamentales, elle rétrograderait rapidement à un état primitif de pensée et d'organisation, dont elle pourrait avoir besoin de plusieurs siècles pour émerger.

Il a été dit plus haut que l'homme est l'exemple le plus élevé de l'animal social. Même si c'est la vérité, ce n'est pas toute la vérité. Il est en même temps l'exemple le plus élevé de l'animal communautaire. L'entraide, l'organisation en communautés strictement arrondies, le travail pour le bien de l'ensemble, sont aussi déclarés chez lui que dans la communauté la plus développée des fourmis, et nous admirons le travail de ces dernières simplement parce qu'elles répètent à un niveau inférieur le travail. de l'homme. En vérité, nous avons chez l'homme un splendide exemple de l'existence de l'initiative individuelle en relation avec l'organisation communautaire. La spécialisation existe sous cent formes. Certaines nations ont été liées par elle à des conditions presque aussi fixes que celles des fourmis. Mais le généralisme existe dans une large mesure, les idées nouvelles modifient ou remplacent constamment les anciennes, et le communisme humain est un communisme progressiste, constamment porté vers le haut sur les ailes des idées nouvelles. La pensée individuelle a le plein essor, et c'est au système de récompense spéciale pour les pensées et les actes utiles que l'homme doit une grande partie de son grand progrès. D'un autre côté, la récompense sans service utile a été l'un des principaux moyens d'agir pour freiner le progrès humain.

Les animaux inférieurs ne possèdent pas l'avantage de l'homme dans sa capacité à préserver les pensées et les produits du passé comme fondement de nouvelles étapes de progrès. La mémoire peut les aider dans une certaine mesure, mais ils ne disposent d'aucun moyen spécial pour enregistrer des idées utiles. On ne peut pas en dire autant des formes communautaires, qui possèdent le résultat du travail des générations précédentes comme d'utiles leçons de choses. Mais chez les animaux supérieurs, aucun moyen n'existe pour la conservation permanente des idées, et chaque degré de progrès doit être dû à l'influence directe des individus vivants et au résultat indirect de la sélection naturelle.

C'est une des causes de la lenteur du progrès mental des animaux inférieurs. Une deuxième raison est le manque d'influence éducative, qui a tant à voir avec le progrès humain. L'éducation ne manque pas tout à fait dans la création brute. Il existe de nombreux exemples d'instructions données par les adultes aux jeunes. Mais cette agence n'en est qu'à son stade embryonnaire et son influence doit être limitée. De plus, chaque tribu d'animaux inférieurs est susceptible de s'inscrire dans un cercle fixe d'actes vitaux, de s'adapter si étroitement à une situation ou à une condition que tout changement d'habitudes serait susceptible de s'avérer préjudiciable. C'est un état de choses qui tend à produire la stagnation et à freiner vigoureusement les progrès. De nombreux exemples de ce phénomène pourraient être cités dans l'histoire de l'humanité, alors qu'il s'agit d'une condition courante chez les animaux inférieurs à l'homme.

Pour en revenir aux singes, les considérations ci-dessus conduisent à conclure que c'est principalement, sinon uniquement, à leurs habitudes sociales qu'ils doivent leur rapidité mentale. Même s'ils ne sont communs que par des traits mineurs, ils sont éminemment sociaux et en ont sans doute tiré de grands avantages. Les lémuriens, qui partagent leur habitat et leur ressemblent dans leur organisation, sont nettement antisociaux et sont aussi stupides mentalement que les singes sont mentalement rapides. Il est possible que les facultés de pensée des singes, une fois mises en marche, aient eu quelque chose dans les exigences de la vie arboricole qui ait accéléré leurs facultés d'observation ; mais nous sommes contraints de croire que la principale influence à laquelle ils doivent leur développement est celle des habitudes sociales, dans lesquelles ils se situent à un niveau élevé, sinon le plus élevé, parmi les animaux distinctement sociaux.

Les capacités de pensée de l'intellect du singe sont générales et non spéciales. L'esprit de ces animaux reste libre et capable de penser de manière nouvelle dans de nouvelles situations. Il est pleinement conscient des besoins et des dangers de la vie arboricole et ne progresse pas plus loin dans son habitat naturel car il n'y a plus rien d'important à apprendre. Mais même s'il est corrigé, il ne stagne pas. Lorsque le singe est retiré de ses forêts natales et placé parmi les nombreuses nouvelles conditions qui apparaissent à bord des navires et dans les habitations humaines, nous percevons rapidement des signes de sa vigilance mentale. Ses facultés d'observation et d'imitation s'exercent activement et de nouvelles habitudes et conceptions sont rapidement acquises. Pourrait-on faire en sorte que les singes se reproduisent librement en captivité, de manière à obtenir une race domestique comparable à celle des chiens, leurs facultés mentales pourraient peut-être être cultivées à un degré extraordinaire, donnant lieu à des exemples de pensée approchant ceux de l'homme. . Le singe se distingue particulièrement par sa tendance à tenter de nouveaux actes, sans attendre d'être instruit, comme c'est le cas des autres animaux domestiques. Bref, il semble de toute évidence être l'animal le mieux apte mentalement à servir de base à un développement intellectuel élevé, comme il est le mieux apte physiquement à passer de l'attitude du quadrupède à celle du bipède.

Les singes anthropoïdes manifestent en général un retour de l'état social vers l'état solitaire, cet état atteignant son point culminant chez l'orang, qui est l'un des animaux les plus solitaires. Les formes plus petites sont les plus sociales, les gibbons l'étant décidément. Il y a de très bonnes raisons de croire que l'homme-singe était hautement social, si l'on peut en juger d'après ce que l'on trouve chez toutes les races d'hommes et dans tous les grades, depuis le sauvage jusqu'au civilisé. Cet animal était ainsi en mesure de profiter de tous les avantages de l'habitude sociale et d'acquérir le développement mental qui en découlait. Il est impossible de le dire il y a combien de temps lorsqu'il a quitté les arbres et s'est installé sur le sol. Cela remonte peut-être au début du Pliocène ou à la fin du Miocène, ou même avant. Son cerveau n'était probablement pas encore plus développé que celui des autres anthropoïdes, peut-être moins que celui des espèces existantes. Mais dans son nouvel habitat, il fut exposé à une série de conditions nouvelles qui devaient avoir exercé une influence saine et stimulante sur son esprit.

S'il était resté dans les arbres, nous n'aurions probablement encore aujourd'hui qu'un homme-singe. Quittant son abri sûr pour le sol, il fut exposé à de nouveaux dangers et fut contraint de s'adapter à de nouvelles conditions. Des animaux carnivores rôdants hantaient son nouveau lieu de résidence, et il devait les éviter par la rapidité ou la vigilance de ses mouvements, ou les combattre par la force et l'utilisation d'armes. Les goûts carnivores qu'il avait probablement acquis en faisaient un être de chasse, poursuivant les animaux rapides, les capturant par rapidité ou par stratagème, ou les abattant à l'aide de gourdins et de missiles. Une telle nouvelle série de devoirs et de dangers ne pouvait manquer d'exercer une influence vigoureuse sur un cerveau déjà vif de pensée et sensible à de nouvelles impressions, et nous pouvons très bien concevoir que l'homme-singe est alors entré dans une nouvelle et rapide phase de progrès mental. , son cerveau développant ses pouvoirs et grandissant en dimensions à mesure qu'il s'adaptait lentement à sa nouvelle situation et devenait capable de faire face à de nouvelles demandes et exigences critiques.

Il est encore une autre influence qui a eu sa part, peut-être une part très importante, dans le développement intellectuel des animaux, et qu'aucun écrivain ne semble avoir envisagée de ce point de vue. L'effet probable de cette influence doit être pris en compte, en conclusion de cette section de notre sujet. C'est celle de l'action comparative des sens dans le développement de l'esprit, et des effets susceptibles de découler de la domination de l'un des sens.

Chez les animaux les plus inférieurs , le toucher était le sens prédominant, sinon le seul, le goût lui étant peut-être associé. Mais ces sens, qui exigent un contact réel avec les objets, ne pouvaient évidemment donner que la conception la plus étroite des conditions de la nature. Les autres sens, la vue, l'ouïe et l'odorat, donnent des indications sur l'existence et les conditions d'objets plus ou moins éloignés, et leur développement a considérablement élargi le champ d'action des animaux et a dû exercer une puissante influence sur le développement des états mentaux.

Il est à peine besoin de dire que le sens qui donne l'information la plus complète et la plus étendue sur les choses existantes est nécessairement celui qui agit le plus efficacement sur l'esprit, et que ce sens est celui de la vue. L'ouïe et l'odorat nous renseignent sur certaines conditions locales des objets, mais la vue s'étend jusqu'aux limites de l'univers, tandis qu'en ce qui concerne les objets proches, elle a l'avantage d'être pratiquement instantanée dans son action et beaucoup plus complète dans les informations qu'elle transmet. La vue est donc évidemment le sens le plus important, en ce qui concerne l'élargissement des facultés mentales, et tout animal chez lequel elle est prédominante doit posséder un grand avantage à cet égard sur les espèces contrôlées à un large degré par la vue. l'un des sens inférieurs.

On peut dire ici que la vue n'a pris le dessus que lentement dans la vie animale. Bien que l'œil, en tant qu'organe de la vision, se trouve à un niveau bas dans l'échelle animée, tout porte à croire qu'il a longtemps joué un rôle secondaire et qu'il n'a acquis sa pleine importance que chez l'homme. Pendant de longues périodes, la vie était confinée à la mer, des multitudes d'êtres résidant dans la semi-obscurité des eaux souterraines et un grand nombre à des profondeurs trop grandes pour que la lumière les atteigne. Pour une grande multitude d'entre eux, la vue était en partie ou totalement inutile. La même chose peut être dite de l'ouïe, l'habitat sous-marin étant presque ou totalement silencieux. Le seul des sens supérieurs susceptibles d'être d'une utilité générale pour ces formes océaniques est celui de l'odorat, et il se peut que leur connaissance des objets éloignés ait été principalement acquise grâce à leur sensibilité aux odeurs.

Il faut dire la même chose des animaux terrestres invertébrés. Les mollusques terrestres et le grand ordre d'insectes et autres arthropodes terrestres ne vivent que dans une moindre mesure à la lumière ouverte. De très nombreuses espèces hantent la semi-obscurité des arbres ou des bosquets, se cachent parmi les herbes, se cachent sous l'écorce, les bâtons et les pierres, ou vivent la majeure partie de leur vie sous terre. Les hôtes des autres sont nocturnes. Pour un petit pourcentage seulement d'insectes, la vue peut être d'une grande utilité, tandis que l'ouïe semble également avoir une faible importance. L'odorat est probablement le principal sens par lequel ces animaux obtiennent des informations sur des objets distants.

Il existe des preuves que l'odorat de certains insectes est remarquablement aigu. La femelle emprisonnée de certaines espèces nocturnes, par exemple, attirera les mâles à une distance relativement immense, dans des conditions dans lesquelles ni la vue ni l'ouïe n'auraient pu être mises en jeu. L'émission d'odeurs et une sensibilité aiguë à celles-ci sont les seuls agents présumés à l'œuvre dans ces cas-là. Quant aux insectes les plus intelligents, les fourmis et les termites, les premiers sont en grande partie souterrains, les seconds non seulement souterrains, mais aveugles. Dans un cas, la vue ne peut jouer qu'un rôle mineur, dans l'autre, elle ne joue aucun rôle. Le toucher et l'odorat semblent être les sens dominants chez ces animaux, et le degré d'intelligence dont ils font preuve montre à quel point ces sens sont susceptibles de se développer. Mais l'intelligence qui en découle doit nécessairement être locale et limitée dans son application ; il ne peut pas produire l'étendue de l'information et le degré de développement mental possibles sous la domination de la vue.

Chez les vertébrés, nous trouvons un organe de vision pleinement développé et largement capable, et on pourrait présumer hâtivement que chez ces animaux, la vue est le sens dominant. Mais de nombreux faits conduisent à une conclusion différente. De nombreux vertébrés sont nocturnes, beaucoup vivent dans des situations obscures, beaucoup dans l'obscurité totale des cavernes, des tunnels et des fouilles souterrains, ou dans les profondeurs de l'océan. Pour tous ceux-là, la vue doit être d'une importance secondaire. L'ouïe ne peut pas non plus avoir de valeur supérieure, et le sens dominant doit être celui de l'odorat. Chez les chauves-souris, il semblerait y avoir un pouvoir de toucher remarquablement aigu, si l'on en juge par la facilité avec laquelle elles peuvent éviter les obstacles en plein vol après avoir ôté leurs yeux.

On pourrait cependant supposer que dans les terres supérieures, la vue est prédominante chez les vertébrés et que les mammifères diurnes dépendent principalement de leurs yeux pour leur connaissance de la nature. Mais il y a des faits qui jettent le doute sur cette supposition. Ces faits sont de deux sortes, externes et internes. Il est bien connu que les quadrupèdes, en général, sont très sensibles aux odeurs, et qu'ils font également confiance en grande partie à l'odorat. Les chasseurs en sont parfaitement conscients et doivent être tout aussi prudents pour éviter d'être sentis par leur gibier que pour éviter d'être vus. Nous avons de nombreuses preuves de l'acuité remarquable de ce sens chez un animal aussi élevé que le chien, qui peut suivre sa proie sur des kilomètres par son seul parfum, et peut distinguer les odeurs, non seulement de différentes espèces, mais de différents individus, étant capable de de suivre la trace d'une personne parmi les traces de nombreuses autres.

La preuve interne de ce fait est tout aussi significative. Chez les vertébrés, en général, le lobe olfactif du cerveau est largement développé, dépassant de loin en taille le lobe du nerf optique. Il forme la partie antérieure du cerveau et constitue dans de nombreux cas une grande section de cet organe, n'en étant délimité que par une légère dépression superficielle. Si nous pouvons en juger correctement, d'après les preuves anatomiques, l'odorat joue un rôle très important dans la vie de tous les vertébrés inférieurs. Si nous prenons comme exemple nos animaux domestiques, le lobe olfactif du cheval est considérablement plus grand que celui de l'homme, bien que le cerveau, dans son ensemble, soit beaucoup plus petit, de sorte que, comparativement, cet organe constitue une partie beaucoup plus grande de l'odorat. le cerveau total. Les autres animaux domestiques fournissent des preuves similaires de la grande activité de l'odorat.

S'il ne fait aucun doute que la vue est un sens actif chez tous les quadrupèdes supérieurs, elle divise évidemment cette activité avec l'odorat à un degré bien plus grand que ce n'est le cas chez l'homme, chez qui l'odorat joue un rôle mineur, la vue un rôle majeur, parmi lesquels les organes des sens.

Ce fait montre son effet sur le développement mental comparatif de l'homme et des animaux inférieurs. L'homme, dépendant si largement de la vision, acquiert la conception la plus large des conditions de la nature, avec pour conséquence une grande expansion de l'intellect. Les quadrupèdes, qui dépendent dans une large mesure de l'odorat pour leur conception de la nature, ont une gamme d'informations beaucoup plus étroite et un développement mental beaucoup plus faible. En ce qui concerne la famille des singes, elle occupe une position entre l'homme et les quadrupèdes, et son activité intellectuelle pourrait bien être due dans une large mesure à une confiance accrue dans la vue et une confiance diminuée dans l'odorat pour acquérir sa conception de la nature.

La question peut se poser : pourquoi , si la vue a cette supériorité sur l'odorat, n'a-t-elle pas depuis longtemps pris la prédominance et relégué l'odorat à une place secondaire ? On peut répondre que la supériorité de la vue n'est pas complète. Dans un certain sens, ce sens est inférieur à l'odorat. L'agent principal dans le développement des organes sensoriels des animaux a été la lutte pour l'existence, y compris la fuite des ennemis et la perception des animaux ou des matériaux destinés à la consommation. Dans ces processus, l'acuité de l'odorat joue un rôle très important. Il a de plus l'avantage de recueillir des informations dans toutes les directions, alors que la vue est très limitée dans sa portée. L'œil est si sujet aux blessures que sa multiplication sur le corps serait plutôt désavantageuse qu'autrement, tandis que, si localisé qu'il soit, un mouvement de la tête est nécessaire pour toute largeur de vision, et le corps tout entier doit tourner pour amener la vision complète. horizon sous observation. Il semble évident, d'après ces considérations, que la vue est bien inférieure à l'odorat pour la perception opportune de nombreuses formes de danger. La lumière ne vient que par lignes droites, et un mouvement du corps est nécessaire pour percevoir les périls situés en dehors de ces lignes. Les odeurs, au contraire, se propagent dans toutes les directions et se manifestent aussi bien par l'arrière que par l'avant.

Selon toute probabilité, ce fait a beaucoup à voir avec la dépendance continue des animaux à l'odorat. Chez les poissons et les reptiles , une vision complète s'acquiert si lentement qu'un sens sentinelle plus actif est nécessaire à la sécurité. Chez les mammifères, la tête tourne plus facilement, mais un temps précieux est perdu dans la rotation de tout le corps. Ces animaux dépendent donc à la fois de la vue et de l'odorat, dans certains cas également, dans d'autres plus pleinement de l'un ou l'autre de ces sens. Lorsque nous atteignons le singe semi-dressé, nous avons affaire à une forme capable de tourner le corps et d'observer tout le cercle d'objets environnants plus rapidement et plus facilement que n'importe quel quadrupède. En conséquence, ces animaux sont devenus plus dépendants de la vision et moins de l'odorat que les quadrupèdes. Enfin, chez l'homme en pleine érection, le pouvoir de rotation rapide et d'observation alerte de tout le cercle de l'horizon atteint son ultime, et chez l'homme, la vue est devenue dans une large mesure le sens dominant, et l'odorat est tombé à une place mineure.

Ce changement dans les relations des sens s'accompagne d'un changement dans le degré de développement mental. Il est fort probable que la dépendance des singes à l'égard de la vue plutôt que de l'odorat a beaucoup à voir avec leur activité mentale, leur rapidité d'observation et leur curiosité active. Chez l'homme, il ne fait aucun doute qu'elle a joué un grand rôle dans le développement rapide de ses facultés intellectuelles et dans l'extraordinaire ampleur de sa conception de la nature, comparée à celle des animaux inférieurs. Tandis que l'ouïe et l'odorat ne nous informent que des conditions voisines et ont pour principale utilité d'aider à la préservation de l'existence, la vue nous rend conscients des conditions de la nature dans des localités éloignées, s'étendant bien au-delà des limites de la terre. Bien que ce sens joue son rôle en tant qu'agent protecteur, il est encore plus utile en tant qu'agent dans l'acquisition des connaissances en général et a beaucoup à voir avec le développement des facultés intellectuelles. Nous pouvons donc considérer la domination croissante du sens de la vue comme un facteur déterminant dans la formation de l'homme en tant qu'être pensant, et attribuer à cela, dans une mesure considérable, la soif d'information et la faculté d'imitation si marquées dans le monde. singes.

VII
L'ORIGINE DU LANGAGE

L'une des caractéristiques de l'homme, dont nous avons parlé comme parmi celles auxquelles est dû son haut développement, est celle du langage. Il n'y a rien qui ait plus à voir avec le progrès mental de la race humaine que la facilité dans la communication de la pensée, et dans cette communication vocale, le langage est l'agent principal et, dans la plus grande mesure, l'instrument de l'esprit. La parole humaine est devenue, dans ces temps modernes, remarquablement expressive, indiquant toutes les conditions, relations et qualités, non seulement des choses, mais des pensées et des conceptions idéales. Et l'utilité du langage a été énormément accrue par le développement des arts de l'écriture et de l'imprimerie. A l'origine, la pensée ne pouvait être communiquée que de bouche à oreille et transmise à l'aide de la mémoire. Désormais, elles peuvent être enregistrées et conservées indéfiniment, de sorte qu'aucune pensée utile de penseurs capables ne soit perdue, mais que chaque idée précieuse puisse être conservée en tant qu'influence éducative à travers des âges innombrables.

Dans cet instrument, qui a été d'une si extraordinaire valeur pour l'homme, les animaux inférieurs sont remarquablement déficients. Ils ne sont pas tout à fait dépourvus de langage vocal, bien qu'il soit douteux que l'un des sons qu'ils émettent ait une fonction linguistique beaucoup plus élevée que celle de l'interjection. Mais les sons émotionnels, auxquels ils appartiennent, ne sont pas dénués de valeur pour transmettre l'intelligence. Ils accueillent des cris d'avertissement, des appels à l'affection, des demandes d'aide, des appels à la nourriture, des menaces et d'autres indications de passion, de peur ou de sentiment. Et l'importance de ces sons vocaux pour les animaux peut souvent être plus grande qu'on ne le suppose. Autrement dit, ils ne peuvent pas se limiter au caractère vague de l'interjection, mais peuvent occasionnellement véhiculer une signification spécifique, indicative d'un objet ou d'une action. En d'autres termes, ils peuvent avancer de l'interjection vers le nom ou le verbe, et se rapprocher en valeur de la racine verbale, son qui embrasse une proposition complète. Ainsi, un cri d'avertissement peut être modulé de manière à indiquer à l'auditeur : « Attention, un lion arrive ! ou pour transmettre un autre avertissement spécifique. Nous savons que l'accent ou le ton joue un grand rôle dans le discours chinois, la plus primitive des formes existantes, une variation de ton modifiant considérablement le sens des mots. Il se peut qu'il en soit de même pour les sons émis par les animaux, dans une bien plus grande mesure qu'on ne le suppose.

Nous savons que c'est le cas de certains oiseaux. Les oiseaux communs de nos poulaillers émettent une variété de cris distincts, chacun étant compris par ses congénères, tandis que les modulations spéciales de certains appels ou cris ne sont pas rares chez les oiseaux. Les mammifères ne maîtrisent pas parfaitement leurs capacités vocales, leur gamme de tons étant limitée, mais ils se transmettent certainement des informations précises les uns aux autres. Des observateurs récents sont arrivés à la conclusion que les singes parlent entre eux, dans une certaine mesure. Les expériences visant à le prouver n'ont pas été très satisfaisantes, mais elles semblent indiquer que les cris des singes dans les bois possèdent une certaine gamme de significations définies.

Nous ignorons totalement quels pouvoirs de parole possédait l'homme-singe. Il a dû, dans son état développé en tant que bipède terrestre, errant et chasseur, avoir besoin d'une gamme d'expression plus large que lors de sa résidence arboricole. Il était exposé à de nouveaux dangers, de nouvelles exigences de la vie l'affectaient, et ses vieux cris prenaient très probablement de nouvelles significations, ou de nouveaux cris étaient développés pour faire face à de nouveaux périls ou à de nouvelles conditions. De cette manière, quelques mots racines peuvent avoir été acquis, s'élevant au-dessus de la valeur de l'interjection et exprimant un certain degré de sens défini, bien qu'encore au bas de l'échelle du langage, les premiers tremplins du cri vague vers le signifiant. mot.

Entre cette étape et celle du langage humain se produit un fossé immense, un large abîme qu'il semble à première vue impossible à combler. Toutefois, dans l'état actuel des choses, ce problème a été largement surmonté par l'homme lui-même. A côté des langues très complexes qui existent aujourd'hui, se trouvent diverses formes primitives de langage qui nous ramènent très loin vers l'origine du langage humain. Un peuple aussi avancé que les Chinois parle une langue pratiquement composée de mots-racines, les formes d'expression supérieures étant atteintes par de simples procédés combinant ces formes de mots primitives. On peut dire la même chose, dans une certaine mesure, du langage égyptien ancien. Nous pouvons concevoir un état de choses ancien dans lequel ces procédés de composition de mots n'étaient pas encore employés, et dans lequel chaque mot existait comme une expression séparée, non modifiée par une association avec un autre mot. Parmi les races sauvages de la terre, il existe souvent des formes de langage très grossières, les méthodes d'association de mots en phrases étant des plus simples, bien que peu d'entre elles surpassent celles des Chinois en termes de simplicité de système.

Mais tout cela représente un stade avancé de l'évolution du langage, un développement de la pensée et de son instrument qui a mis des milliers d'années à se réaliser. Nous ne pouvons pas en tirer une juste évaluation de ce qu'a pu être le langage de l'homme primitif, car dans tous les cas il y a eu un long processus de développement ; aidé, sans aucun doute, dans de nombreux cas, par des influences éducatives agissant des races les plus avancées sur le langage des races les moins avancées.

Si nous cherchons à analyser l'une de ces langues, la plus complexe comme la moins avancée, nous nous trouvons dans la plupart des cas capables d'isoler la racine du mot comme élément de base du discours. De cette forme simple semblent être nées toutes les formes les plus développées. Supprimez leurs dispositifs de combinaison, et les racines des mots s'effondrent comme autant de grains de discours, chacun ayant une signification définie qui lui est propre et pleinement capable d'exister par lui-même. Les Aryens et les Chinois s'offrent surtout à cette méthode analytique. Supprimez les suffixes et les affixes des mots aryens, descendez aux formes germinales à partir desquelles ces mots sont issus, isolez ces germes de parole, et nous nous retrouvons dans un langage de formes racines, dont chacune est devenue vague et large en signification. car les éléments modificateurs qui limitaient sa signification ont été supprimés. En chinois, le problème est beaucoup plus simple. Nous devons simplement retirer les mots existants de leur place dans la phrase et les laisser seuls, et nous avons les racines des mots sous la main. Nous pouvons parcourir toute la gamme du langage humain et arriver, avec plus ou moins de difficultés, à un résultat similaire. En bref, il semble concluant que le langage de l'humanité a commencé par l'emploi de mots isolés d'une signification vague et large, et que tout le développement ultérieur du langage a consisté dans la combinaison de ces mots, avec une modification et une limitation de leur sens. les familles de discours diffèrent principalement par la méthode de combinaison imaginée.

Il faut en effet reconnaître qu'en isolant les formes racines des langues modernes, on atteint des conditions encore très éloignées de celles du langage primitif. Ces racines sont dans une certaine mesure chargées de sens. Le temps a ajouté à leur signification, et il leur manque la simplicité qu'ils possédaient probablement autrefois. En particulier, ils ont acquis des sens idéaux, entrés dans une certaine mesure dans ce vaste langage de l'esprit qui s'est progressivement ajouté au langage de la nature extérieure. La reconnaissance de l'existence de l'esprit et de la pensée est sans doute arrivée un peu tard dans le développement humain. L'homme n'a longtemps connu que son corps et le monde qui l'entourait. Ce n'est que pas à pas qu'il découvrit son esprit. Et lorsqu'il est devenu nécessaire de parler de troubles mentaux, aucun nouveau langage n'a été inventé, mais des mots anciens ont été élargis pour couvrir les nouveaux troubles. L'esprit est analogue au corps dans ses opérations, les idées sont analogues aux choses, et il suffisait généralement d'ajouter à la signification physique des mots la signification idéale correspondante. De cette façon, une langue secondaire s'est lentement développée, sous-tendant et sous-tendant la langue primaire, jusqu'à ce que les mots inventés pour exprimer le monde des choses soient employés pour inclure un monde de pensées aussi vaste.

En abordant donc le langage de l'homme primitif, nous sommes obligés de dépouiller les formes fondamentales du langage de toute cette signification idéale et de les confiner à leurs significations physiques. En effet, lorsqu'il s'agit des langues des tribus les moins avancées de l'humanité, cela n'est pas vraiment nécessaire. Le langage de l'esprit chez eux n'a pas encore commencé sa croissance ou en est à ses premiers stades simples. Seule la moitié du travail d'évolution du langage est achevée. Il n'existe en effet aucune tribu si peu développée qu'elle utilise les formes primitives du langage. Les races les plus sauvages de l'humanité ont fait quelques progrès dans l'art de combiner les mots, acquis quelques idées sur la syntaxe et les formes grammaticales. Cependant, dans certains cas, les progrès ont été très légers, et dans tous nous pouvons voir les traces vivantes de la méthode de langage antérieure dont ils sont issus.

C'est à la capacité de penser de manière abstraite et de former des mots ayant une signification abstraite que le langage humain doit une grande partie de son développement élevé. Mais cette capacité est en grande partie réservée à l'humanité civilisée, les sauvages en étant grandement ou totalement dépourvus. Cette déficience est indiquée dans leurs modes de parole. Ainsi, un natif des îles de la Société, bien que capable de dire « queue de chien », « queue de mouton », etc., n'a pas de mot distinct pour queue. Il ne peut faire abstraction du terme général de ses relations immédiates. De la même manière, le Malais non civilisé a vingt mots différents pour exprimer le fait de frapper avec divers objets, comme avec du bois épais ou mince, une massue, le poing, la paume, etc., mais il n'a pas de mot pour « frapper » en tant que pensée isolée. . On retrouve la même déficience dans le discours des Indiens d'Amérique. Un Cherokee, par exemple, n'a pas de mot pour « laver », mais peut exprimer les différents types de lavage par pas moins de treize mots distincts.

Tout cela indique une étape primitive dans l'évolution du langage, une étape dans laquelle chaque mot avait son application immédiate et locale, tandis que dans chaque mot était racontée toute une histoire. Le pouvoir de diviser la pensée en ses éléments distincts n'était pas encore possédé. Au fur et à mesure que la pensée progressait, les hommes sont passés de l'idée de « chien » à celle de « queue de chien ». Ils ne pouvaient penser à la partie sans le tout. Puis ils trouvèrent un mot pour « la queue du chien remue ». Mais l'idée des « wagments » en tant que mouvement abstrait dépassait leurs capacités de pensée. Ils ne pouvaient pas penser à une action, mais seulement à un objet en action. La langue des Indiens d'Amérique était une dérivation immédiate de ce mode de formation des mots, chaque proposition, aussi complexe soit-elle, constituant un seul mot, dont les éléments constitutifs ne pouvaient être utilisés séparément. Le mode de discours indiqué ici est une forme de développement de la racine. D'autres formes sont la combinaison du chinois et du mongol et la flexion de l'aryen et du sémitique, toutes pointant directement vers la forme racine comme unité de croissance.

La conclusion à tirer de tout cela est que le langage de l'homme primitif était constitué de mots isolés, de sons qui pouvaient être à l'origine de simples cris ou appels, mais qui ont progressivement acquis une certaine précision de sens, comme signifiant certaines des conditions variées de l'environnement extérieur. monde. C'est la conclusion à laquelle sont désormais parvenus très généralement les philologues. Reconnaître que le langage est constitué de mots racines, diversement modifiés et combinés, ramène irrésistiblement à une période où ces racines n'avaient pas encore commencé à être modifiées et combinées. Les racines sont les éléments durs et persistants du langage humain. Les expédients grammaticaux sont le filet dans lequel ces racines ont été prises et confinées. Libérez-les du filet, et celui-ci tombe en morceaux, tandis que les racines restent intactes, germes primitifs solides et persistants de la parole.

Pourtant, en isolant le langage racine comme base du langage grammatical, nous faisons un grand pas en avant pour combler le fossé entre le langage animal et le langage humain. Elle est encore sans doute d'une ampleur considérable, mais la distinction n'est plus une distinction de nature, mais simplement une distinction de degré. L'homme primitif possédait un langage beaucoup plus étendu que celui des animaux inférieurs, et les sons vocaux utilisés avaient une signification plus claire et plus précise ; mais leur nature était la même. Ils commençaient sans doute par des appels et des cris semblables à ceux utilisés par les animaux, et bien que ceux-ci aient augmenté en nombre et acquis des significations plus distinctes, la différence de caractère n'était pas grande. En bref, la méthode analytique employée par les philologues modernes a largement contribué à supprimer la vaste distinction supposée entre la parole brute et la parole humaine, et a remonté le langage de l'homme jusqu'à un stade où son caractère est presque apparenté au langage des animaux. La distinction a été ramenée à une question de degré, et à peine de nature. Un processus d'évolution direct et simple était seul nécessaire pour le produire, et c'est par cette évolution que l'homme a sans aucun doute progressé vers le haut depuis son stade ancestral.

Le langage des animaux inférieurs est une forme de discours vocalique. Il lui manque les éléments consonantiques, caractéristiques de l'articulation. En cela, l'homme semble avoir d'abord été d'accord avec eux. Le nourrisson commence ses émissions vocales par des cris simples ; ce n'est qu'à un âge plus avancé qu'il commence à s'articuler. Si l'on en juge par le développement du langage chez l'enfant, l'homme a commencé à parler en utilisant des sons originaires des organes vocaux, et a progressé par un processus d'imitation, en s'efforçant de reproduire les sons entendus autour de lui: les voix des animaux, les sons de la nature, etc. Cette tendance à imiter n'est pas propre à l'homme. Il existe chez de nombreux oiseaux et atteint chez certains un développement marqué. L'oiseau moqueur, par exemple, possède une extraordinaire flexibilité des organes vocaux et le pouvoir d'imiter la voix d'autres oiseaux. Le perroquet et quelques autres oiseaux vont plus loin dans cette direction, étant capables d'utiliser un langage articulé et de répéter clairement les mots utilisés par l'homme.

Aucun mammifère ne possède cette facilité. On ne le trouve pas chez les singes et n'était probablement pas possédé par l'ancêtre de l'homme. Mais il n'est pas difficile de croire que dans les efforts de ce dernier pour acquérir une plus grande variété d'expression vocale, ses organes de parole sont devenus plus flexibles et, avec le temps, il a acquis le pouvoir d'articulation.

Il existe des races d'hommes existants dont les capacités linguistiques semblent encore au stade de transition entre la parole articulée et la parole inarticulée. Cela semble être le cas des Bushmen et des Hottentots d'Afrique du Sud, dont les déclarations vocales consistent en grande partie en une série de clics particuliers qui ne sont certainement pas des paroles articulées, bien que sur le chemin qui y mène. Les Pygmées des forêts d'Afrique centrale semblent également occuper une position intermédiaire dans le développement du langage. Ceux qui ont essayé de parler avec eux parlent de leur parole comme étant inarticulée dans le son. Cela semble être une sorte de lien entre la parole articulée et inarticulée. En bref, le grand abîme que l'on croyait autrefois se trouver entre les langues de l'homme et celles des animaux inférieurs a en grande partie disparu grâce aux travaux des philologues, et nous pouvons tracer des tremplins sur chaque portion de ce vaste fossé. Le langage de l'homme n'est pas seulement un produit de l'évolution, mais aussi un développement à partir des expressions vocales des animaux inférieurs ; et l'homme-singe, dans sa lente et longue progression depuis la brute jusqu'à l'homme, semble avoir progressivement développé ce noble instrument de parole articulée qui a eu tant à voir avec le progrès humain ultérieur.

VIII
COMMENT LE GOUFFRE A ÉTÉ COMBLIÉ

Dans sa formation corporelle, l'homme-singe différait peu de l'homme. Les différences qui existaient étaient probablement d'un caractère mineur, pas plus grandes que celles qui pourraient facilement exister dans les limites d'une espèce. Si cette affirmation est remise en question, il semble suffisant d'attirer l'attention sur les recherches récentes sur l'anatomie des singes anthropoïdes, qui diffèrent de l'homme par les espèces, sinon par les genres, mais qui lui sont pourtant très semblables dans toutes leurs principales caractéristiques d' organisation . . Même dans le cerveau, au grand développement duquel l'homme doit sa supériorité, la seule différence marquée réside dans la taille. Structurellement, les distinctions sont sans importance. Si donc ces parents éloignés ressemblent si étroitement à l'homme quant à sa forme physique, son parent immédiat dans la lignée doit s'en rapprocher encore plus étroitement quant à son organisation. Après que cet ancêtre soit devenu un véritable bipède vivant en surface, les différences de structure étaient probablement si légères que physiquement les deux formes étaient en fait identiques. L'homme-singe était, comme il y a lieu de le croire, considérablement plus petit que l'homme, peut-être à peu près égal en taille et en stature au chimpanzé, mais cela ne constitue pas une différence spécifique. Il peut y avoir des différences dans la structure squelettique et musculaire. Les organes vocaux, par exemple, différaient probablement, l'évolution du langage chez l'homme s'accompagnant de certaines modifications dans le larynx. Le crâne ressemblait certainement beaucoup plus à un singe. Cependant les variations de ce genre, dues aux différences de mode de vie, sont d'une importance mineure et peuvent facilement entrer dans les limites d'une espèce. Tant que les grandes caractéristiques de l'organisation restent intactes, de petits changements, dus aux nouvelles exigences de la vie, peuvent se produire sans affecter la position zoologique d'un animal. La différence la plus frappante entre l'homme-singe et l'homme, celle du développement du cerveau jusqu'à deux ou trois fois sa taille et son poids, n'est pas non plus essentielle dans la classification tandis que la structure du cerveau reste inchangée. Qu'il soit resté inchangé, nous pouvons le déduire en toute sécurité de la similitude étroite entre le cerveau de l'homme et celui des singes anthropoïdes existants. La cause de l'augmentation de la taille est si évidente qu'il suffit d'y faire référence. Depuis l'ère de l'homme-singe, la quasi-totalité des forces de développement ont été centrées sur les capacités mentales de cet animal, avec pour résultat que le cerveau a augmenté en taille et en capacité fonctionnelle, tandis que le reste du corps a augmenté. est resté pratiquement inchangé.

Que l'homme, en tant qu'animal, soit descendu du royaume inférieur de la vie, aucun de ceux qui connaissent les faits scientifiques ne songe aujourd'hui à le nier. Cela a atteint pour le scientifique, et pour de nombreux non-scientifiques, le niveau d'une proposition évidente. Mais que l'homme, en tant qu'être pensant, descende des animaux inférieurs, est une autre question sur laquelle les opinions ne sont nullement unanimes. Même parmi les scientifiques, il existe un certain degré de divergence d'opinion, et un évolutionniste aussi radical qu'Alfred Russell Wallace trouve ici une lacune béante dans la lignée et est enclin à considérer l'intellect de l'homme comme un don direct du royaume des esprits. . Son explication est, il est vrai, plus difficile que le problème lui-même. Il n'y a aucun fait pour le soutenir, et même s'il n'était pas capable de voir comment l'esprit humain pourrait être développé par la sélection naturelle, c'est une sorte de reductio ad *absurdum* que de faire appel aux anges pour combler le gouffre.

Romanes a traité le sujet d'un point de vue différent et plus scientifique, et semble avoir réussi à montrer que l'intellect humain à son niveau le plus bas n'est pas différent en nature de l'intellect brut à son niveau le plus élevé. La controverse sur ce sujet est trop susceptible de se fonder sur la différence entre l'intellect de la brute et celui de l'homme éclairé, sans tenir compte du grand fossé mental qui existe entre ce dernier et les pouvoirs de pensée du plus bas sauvage. Dans la section précédente, nous nous sommes efforcés de montrer à quel point le langage de l'homme primitif devait être grossier et imparfait. Son imperfection était un bon indicateur de celle de sa puissance de pensée. Son intellect se situait à un niveau très bas, apparemment pas plus au-dessus de celui des singes les plus élevés qu'au-dessous de celui de l'homme éclairé.

En fait, si énorme que soit l'intervalle entre l'esprit de la brute et celui de l'homme de la civilisation moderne, on peut retracer toute la longue ligne du développement mental, à l'exception d'un intervalle relativement petit. C'est l'écart entre l'intellect du singe anthropoïde et celui de l'homme primitif, le dernier chapitre important de l'histoire de l'évolution mentale. Le surnaturalisme, chassé de ses bastions du passé, a pris sa dernière position sur ce lien rompu, affirmant qu'ici la ligne de descendance échoue et que le vide n'aurait pas pu être comblé sans un afflux direct d'intellect en provenance du monde des esprits ou du monde des esprits. un acte immédiat de création de la part de la Divinité.

Il est peu probable que cette vision de l'affaire soit acceptée comme définitive. La science a comblé tant de lacunes dans le règne de la nature qu'elle ne s'en retirera probablement pas déconcertée, mais poursuivra ses investigations au lieu d'accepter des conclusions qui n'ont même pas la valeur d'une hypothèse, puisqu'elles ne sont étayées par aucun élément connu. fait. À première vue, en effet, les faits qui se rapportent à cette question semblent difficiles à expliquer par la théorie de l'évolution. L'écart intellectuel entre les singes les plus élevés et l'homme le plus bas est considérable, et aucun singe existant ne semble susceptible de jamais le franchir. Même si les singes anthropoïdes ont acquis leur degré de capacité mentale, celui-ci ne semble pas augmenter. Ils sont dans un état de stagnation mentale et le sont peut-être depuis des millions d'années. On peut en effet dire quelque chose de semblable des plus bas sauvages. Ils stagnent également mentalement. Tout porte à croire qu'il y a des milliers, voire des dizaines de milliers d'années, leur progrès intellectuel a été presque nul. Pourtant, il ne fait aucun doute raisonnable que le penseur avancé d'aujourd'hui est issu d'un ancêtre aussi bas sur l'échelle mentale que ce sauvage, probablement beaucoup plus bas ; et cela rend très concevable qu'un processus d'évolution similaire ait couvert l'intervalle entre l'intellect du singe et celui de l'homme primitif.

Quelque part, à une époque lointaine, la stagnation mentale de l'homme fut brisée et le développement de l'esprit commença sa longue progression vers l'illumination. Ce n'était pas le cas dans les localités où se trouvent aujourd'hui les sauvages inférieurs, les forêts équatoriales d'Afrique et d'Amérique du Sud et d'autres domaines de la vie sauvage, le changement s'effectuant selon toute probabilité ailleurs, sous les exigences nouvelles et sévères de la vie. De même, nous avons de nombreuses raisons de dire qu'à un moment donné, la stagnation mentale du singe fut brisée et que le long développement de l'esprit du singe à l'homme commença. Cela ne s'est pas produit dans le cas des anthropoïdes existants et, comme dans le cas analogue de l'homme civilisé, la cause de son influence doit être recherchée dans les exigences de l'existence agissant sur une forme différente par son caractère et son habitat de ceux de ces singes.

L'état des singes anthropoïdes existants peut à juste titre être comparé à celui des petits sauvages actuels. Dans les deux cas, une adaptation satisfaisante à leur situation a été obtenue. Ces singes sont toujours arboricoles et frugivores, comme l'étaient leurs lointains ancêtres. Ils sont depuis des siècles dans un état d'adaptation étroite à leurs conditions de vie, et les influences du développement ont largement fait défaut. Une telle évolution a dû être extrêmement lente. De la même manière, les sauvages les plus bas vivent en relations intimes avec les conditions qui les entourent. Tous les problèmes de nourriture, d'habitation, de climat, etc., ont depuis longtemps été résolus, et dans les forêts tropicales où vivent un si grand nombre d'entre eux, ils sont en parfait accord avec la situation. Mentalement, ils sont donc pratiquement à l'arrêt et le restent depuis des milliers d'années. Les deux cas sont parallèles. Nous pouvons affirmer avec certitude que le développement ultérieur de l'homme s'est produit dans d'autres situations et dans d'autres conditions. Nous pouvons à juste titre dire la même chose du singe. Des influences vigoureuses ont dû s'exercer sur l'ancêtre de l'homme, comme causes initiatrices de son développement mental en homme ; et des influences tout aussi vigoureuses ont dû être exercées sur l'homme primitif pour amorcer son développement mental jusqu'à devenir un homme intellectuel. Et le caractère général de ces influences dans les deux cas peut être facilement souligné. Un développement extraordinaire s'est produit dans l'intellect humain en quelques milliers ou dizaines de milliers d'années, donnant la différence qui existe entre l'homme cultivé d'aujourd'hui et le sauvage avili qui l'a probablement précédé et dont l'équivalent existe encore. . Cela est sans aucun doute dû à des influences de la plus haute puissance. Si nous pouvons montrer que des influences d'égale puissance ont agi sur l'ancêtre de l'homme, nous aurons beaucoup contribué à indiquer comment le cerveau du singe a pu se développer pour devenir le cerveau de l'homme.

Dans les deux cas, l'agent principal était selon toute probabilité celui du conflit. Le singe et l'homme, selon nous, se sont développés grâce à une forme de guerre. Dans le premier cas, il s'agissait d'une guerre contre le règne animal ; dans le second cas, il s'agissait d'une guerre contre les conditions de la nature et contre l'homme hostile. Chacun d'entre eux a eu des effets puissants et c'est à chacun d'entre eux que nous devons l'achèvement d'une grande étape dans l'évolution de l'homme.

Sous les tropiques, foyer des singes anthropoïdes d'aujourd'hui et, probablement, de l'animal que nous avons appelé l'homme-singe, la guerre entre l'homme et la nature n'existe pratiquement pas. La nature n'est pas hostile à l'homme. Il n'y a aucune nécessité de se vêtir et peu d'habitation. La nourriture est abondante pour les populations clairsemées. Peu d'efforts sont nécessaires pour maintenir la vie. Une stagnation mentale est très susceptible de survenir. Pourtant, là-bas comme ailleurs, les conflits ont eu beaucoup à voir avec les progrès mentaux existants. La maîtrise de la guerre est due à des ressources mentales supérieures, qui naissent progressivement des exigences du conflit et se manifestent par une plus grande astuce ou ruse, une capacité supérieure de commandement, une meilleure organisation, une entraide plus complète et l'invention d'armes plus destructrices et plus efficaces. outils. La guerre agit avec vigueur sur les esprits, la paix agit avec lenteur. Dans le premier cas, le bien le plus précieux de l'homme, sa vie, est en danger, et tous ses pouvoirs sont déployés pour sa préservation. Toutes les ressources en son pouvoir sont utilisées pour se sauver des blessures ou de la mort et pour détruire ses ennemis. Si les ennemis sont physiquement égaux, la victoire est susceptible de revenir à ceux qui sont supérieurs mentalement, qui sont plus rapides à concevoir de nouveaux expédients, plus alertes pour se prémunir contre le danger, plus habiles dans l'emploi des armes, plus capables de combiner leurs forces pour agir de manière cohérente . unisson. En bref, toute l'histoire de l'humanité nous apprend que l'évolution mentale a été grandement facilitée par les influences de la guerre, la réaction sur l'esprit de l'effort d'auto-préservation, la destruction de ceux qui étaient à un niveau inférieur de vigilance intellectuelle, la préservation des plus capables et des plus énergiques, l'effet du conflit dans la mise en activité de toutes les ressources de l'intellect et la transmission héréditaire des pouvoirs de l'esprit ainsi développés. C'est, sans aucun doute, à la guerre entre les hommes et au conflit avec les conditions défavorables de la nature dans les régions les plus froides de la terre, que le développement de l'homme depuis son état intellectuel le plus bas jusqu'à son état intellectuel le plus élevé est dû en grande partie. Cela ne veut en aucun cas dire que la guerre soit encore nécessaire pour obtenir ce résultat. D'autres influences sont désormais à l'œuvre, d'une puissance égale ou supérieure, et bien que le conflit avec la nature et les conditions de la société soit toujours important, la guerre entre l'homme et l'homme n'est plus nécessaire comme stimulant mental. Il fut un temps, et cela n'est pas très lointain, où elle constituait un élément essentiel du développement humain.

Mais si l'on descend jusqu'aux plus bas sauvages existants, c'est pour trouver cette action presque inexistante. Nous n'y percevons aucune guerre organisée ni aucun conflit alerte avec la nature. Ils en sont encore au tout début de cette étape d'évolution, et celle-ci n'exerce certainement que peu d'influence sur eux. La nature n'est pas hostile, la vie nécessite peu de réflexion ou d'effort, ils acceptent le monde tel qu'ils le trouvent, sans question ni révolte, et leurs pensées et leurs habitudes sont aussi immuables que les lois des Mèdes et des Perses. Mais le fait qu'il n'existe pas aujourd'hui de guerre active parmi les tribus les plus basses de l'humanité ne signifie pas qu'un tel État n'a jamais existé. En vérité, nous soutenons que l'homme primitif est le résultat d'une guerre active et prolongée, et que sa condition stable et lente aujourd'hui est la facilité qui suit la victoire. Il a vaincu et se repose après ses travaux.

Car si l'on compare l'homme primitif aux singes anthropoïdes, c'est pour trouver entre eux une différence frappante et importante. Les anthropoïdes sont au niveau de leurs voisins animaux. L'homme est le seigneur et le maître du règne animal, l'être dominant dans le monde de la vie. Il n'a pas de rival dans cette seigneurie, mais il est seul dans sa relation avec le règne animal. Il est craint et évité par les bêtes les plus grandes et les plus fortes des champs et des forêts. Il ne combat pas de manière défensive, mais offensivement, et quelle que soit sa relation avec son prochain, il n'a aucun égal dans le monde de la vie en dessous de lui. Il est le seul animal à avoir lutté pour la seigneurie. On dit que le gorille attaque le lion et le chasse de son repaire. S'il le fait, ce n'est pas dans un esprit de domination, mais simplement pour se débarrasser d'un voisin dangereux. La bataille pour la domination a été limitée à l'homme, et pour la gagner, un certain degré de développement mental a dû avoir lieu.

La suprématie de l'homme ne s'est pas acquise sans lutte, et celle-ci a été dure et prolongée. Le règne animal n'a pas cédé facilement à la seigneurie de l'homme, et la guerre a dû être longue et amère, telle que semblent aujourd'hui les relations. Le repos a succédé à la victoire. Les animaux inférieurs sont désormais soumis à l'homme, ou se retirent devant lui, craignant sa force et ses ressources, et la pression exercée sur ses pouvoirs a cessé. En ce qui concerne cette phase de l'évolution, les influences favorisant le développement mental de l'homme ont perdu de leur force. La guerre est terminée et l'homme règne en maître sur le royaume de la vie.

De tous les animaux, l'homme-singe était le mieux adapté à une telle lutte. Les autres singes anthropoïdes, bien que favorisés par la formation de leurs mains, manquaient de cette liberté des bras à laquelle l'homme doit principalement son succès. Aucun autre animal n'est jamais apparu avec des bras libérés du devoir de locomotion et dotés en même temps du pouvoir de préhension, et ce sont les caractéristiques de l'organisation auxquelles l'évolution de l'intellect humain était entièrement due dans ses premiers stades. L'homme-singe n'était pas capable de lutter avec succès contre les animaux plus gros à l'aide de ses armes naturelles. Sa petite taille, son absence de griffes déchirantes et sa moindre puissance de vitesse le laissaient dans une situation désavantageuse, et s'il avait tenté de conquérir, à l'aide de sa force et des pouvoirs de saisie et de déchirure de ses dents et de ses ongles, sa victoire sur le des animaux plus gros n'auraient jamais été gagnés. Même avec l'aide de la ruse et de la vigilance des singes, de leur pouvoir d'observation, de leur combinaison de défense et d'attaque et de leur supériorité mentale générale sur les habitants du monde animal, leur suprématie dans le cas où ils deviendraient carnivores a dû être limité aux créatures plus petites, et n'aurait pas pu être établi sur les plus gros animaux de leur habitat naturel sans l'aide d'autres que leurs pouvoirs naturels.

C'est grâce à l'utilisation d'armes artificielles que la conquête a été obtenue. La tendance à utiliser les missiles comme armes offensives et défensives , qui se manifeste chez diverses espèces de singes, a probablement été grandement développée par l'homme-singe, le seul membre carnivore, si nos prémisses sont correctes, de toute la vaste famille des singes. les singes, et le seul à disposer du libre usage de ses mains et de ses bras. Par l'emploi d'armes de ce genre, les pouvoirs offensifs de cet animal furent énormément accrus. À mesure que l'on acquérait des compétences dans leur utilisation et que des armes plus efficaces étaient sélectionnées ou formées, l'homme-singe progressait progressivement dans son contrôle de l'influence, et le monde animal inférieur devenait de plus en plus subordonné. Il ne fait aucun doute que la lutte fut de longue durée. Les animaux auparavant dominants ne se sont pas soumis sans une lutte sévère et prolongée. Des milliers d'années se sont peut-être écoulées avant que les plus gros animaux ne soient maîtrisés, car il est probable que l'invention d'armes supérieures par un animal aux faibles capacités mentales a été un processus très lent. Chaque étape de l'invention a donné un plus grand succès, mais ces étapes étaient très délibérées.

Quoi qu'il en soit, nous pouvons être assurés que la supériorité de l'homme ancestral résidait dans ses ressources mentales, et que sa victoire était due à l'emploi de son esprit plutôt que de son corps. En conséquence, l'influence croissante du conflit s'est exercée sur son cerveau, l'organe de l'esprit, bien plus que sur sa structure physique, et cet organe a progressivement augmenté en taille, tandis que le corps dans son ensemble est resté pratiquement inchangé. Le conflit a commencé avec l'homme-singe à un niveau de puissance et de domination avec des animaux de sa propre taille et inférieurs à ceux de plus grande taille et force. Cela s'est terminé avec la domination de l'homme sur tous les animaux inférieurs. Un tel progrès, s'il est réalisé par un animal grâce à une variation de sa structure physique, doit avoir provoqué des changements radicaux et extraordinaires dans la taille, la force et l'utilité des organes naturels responsables. S'il était réalisé, comme dans le cas en question, par le seul développement de l'organe de l'esprit, il ne pourrait qu'avoir produit une grande augmentation de la taille et de la puissance de cet organe ; et les dimensions du cerveau de l'homme primitif, comparées à celles du cerveau des singes anthropoïdes, ne semblent pas trop grandes pour l'ampleur du résultat.

Le conflit prit fin, un nouvel animal, l'homme, émergea enfin et pleinement de la famille des singes et s'installa dans la conscience reposante de la victoire, avec un cerveau beaucoup plus grand et des pouvoirs mentaux bien supérieurs à ceux qu'ils possédaient au début de la lutte . pourtant, son aspect physique n'a pas beaucoup changé par rapport à sa forme ancestrale après qu'il ait d'abord pleinement acquis l'attitude dressée. Les pouvoirs acquis permirent aux premiers hommes de conserver facilement la position qu'ils avaient conquise, et ses facultés ne furent plus sollicitées jusqu'à ce qu'un nouveau combat commence, celui entre l'homme et la nature, complété par une lutte encore plus vitale, celle entre l'homme et l'homme. .

Pour revenir au point d'où nous sommes partis, on peut dire que, à mesure que l'homme-singe devenait plus facile à marcher en position debout et que ses mains et ses bras devenaient pleinement adaptés à l'usage des armes, sa position dans l'attitude animale le royaume a changé essentiellement par rapport à celui qu'il avait auparavant. La peur et la fuite ont pris fin, la retraite a cessé, l'attaque a commencé, la poursuite a succédé à la fuite, et la grande bataille pour la maîtrise a commencé son long cours. Un élément qui a contribué matériellement à la victoire était l'habitude sociale de l'animal en question et l'entraide que les membres d'un groupe se prêtaient mutuellement. Les influences éducatives suivent aussi naturellement l'association, chaque invention ou amélioration conçue par un seul devient la propriété de l'ensemble, et rien d'important une fois acquis n'est perdu.

Les étapes de ce progrès étaient sans aucun doute, dans leur aspect extérieur, des étapes de perfectionnement des armes. Nous semblons voir l'homme ancestral, au début de sa carrière d'animal carnivore, saisir les pierres et les bâtons qui lui tombaient sous la main et les lancer avec un peu d'adresse sur sa proie, de la même manière que nous pouvons apercevoir le babouin faisant le même geste. même chose. De la même manière, nous le voyons couper des branches d'arbres et les utiliser comme massues. L'une des premières étapes du développement à partir de ce stade rudimentaire de l'utilisation des armes serait la sélection de pierres adaptées à leur taille et à leur forme pour le lancer, ainsi que le choix de massues de longueur et d'épaisseur appropriées, ces dernières étant dépouillées de leurs brindilles.

Pendant longtemps , de nouvelles armes, celles immédiatement disponibles, seraient saisies et utilisées à chaque nouveau conflit ; mais à mesure que l'idée de la supériorité de certaines armes sur d'autres est apparue, une deuxième étape d'évolution a dû commencer. La massue sélectionnée, cassée de l'arbre et préparée pour être utilisée avec un certain soin, et incarnant ainsi un certain degré de choix et de travail, serait trop précieuse pour être jetée sans rien faire, et pourrait être conservée pour un usage futur, la première possession personnelle de l'homme naissant. . De même, des pierres soigneusement choisies pour leur aptitude au lancer seraient probablement conservées et une petite réserve d'entre elles serait collectée. En bref, nous pouvons concevoir l'homme-singe rassemblant ainsi un magasin d' armes, de gourdins et de pierres, recherchées ou façonnées pendant les heures de loisir pour être utilisées pendant les heures de conflit. De cette façon, notre ancêtre animal est sans doute lentement devenu un chasseur habile , portant ses armes avec lui dans la chasse et les utilisant efficacement dans la conquête des proies.

Une troisième étape dans ce progrès fut franchie lorsque quelque vieil homme-singe avisé eut l'idée de combiner les deux formes d'armes utilisées, d'attacher en quelque sorte la pierre à la massue afin de pouvoir porter un coup plus efficace. frappé. Le règne végétal fournit des cordes naturelles, des pierres plates aux bords plus ou moins tranchants pourraient être choisies et liées au bout de la massue, et la forme la plus ancienne de la hache de guerre serait produite. Avec sa formation, l'homme-singe a franchi une autre étape importante dans son progrès et a considérablement accru ses pouvoirs offensifs. Étape par étape, il mettait sous son contrôle ses concurrents animaux.

La formation d'une hache ou d'une hachette, aussi rudimentaire soit-elle, conduirait naturellement à un autre pas en avant. Grâce à lui, l'homme ancestral est passé de la possession d'une arme à la possession d'un outil. Le façonnage de ses massues se faisait auparavant en arrachant ou en martelant grossièrement leurs brindilles. Ceux-ci pourraient maintenant être coupés et, en outre, le club pourrait être amélioré. La fabrication avait commencé. Notre ancêtre se tenait à l'une des extrémités d'une longue file, à l'autre extrémité de laquelle nous voyons la machine à vapeur, le moteur électrique et une interminable variété d'autres instruments.

La fabrication primitive ne se limitait pas au façonnage du bois. Le façonnage de la pierre suivit avec le temps. Si une branche d'arbre pouvait être rendue plus adaptée à son usage en la coupant avec une hache ou une hachette en pierre grossière, une pierre de meilleure forme pourrait être obtenue en la martelant. Sans aucun doute, l'effet d'écaillage résultant de la frappe d'une pierre sur une pierre avait souvent été observé avant que l'idée ne surgisse que cela pouvait être rendu utile et que là où l'on ne trouvait pas de pierres de la forme désirée, la forme de celles disponibles pourrait ainsi être améliorée. .

Si nous recherchons un tournant, une étape de progrès au cours de laquelle l'homme-singe émergera véritablement dans l'homme, peut-être serait-il bon de choisir celui que nous avons maintenant atteint, celui où l'animal en question, qui jusqu'alors avait a utilisé les objets de la nature sous leur forme naturelle, a d'abord eu l'idée de la fabrication et a commencé à façonner ces objets à l'aide d'outils. En vérité, la ligne de démarcation entre l'homme-singe et l'homme était imperceptiblement fine. Différents points de démarcation pourraient être choisis, chacun fondé sur une étape importante de l'évolution. Mais parmi tous ceux-là, celui dans lequel l'effort visant à transformer les objets de la nature en de meilleures armes au moyen d'outils est peut-être le meilleur, car il fut probablement la première étape de ce long processus de fabrication auquel l'homme doit son merveilleux progrès.

Grâce à ces premiers efforts de fabrication, l'homme avait atteint un stade où il était pour la première fois capable de faire un enregistrement permanent de son existence sur terre, mis à part la très rare préservation de ses os sous forme de restes fossiles. Une pierre taillée est un objet permanent. Même une forme très grossière porte à sa surface des indications sur son origine, des marques rappelant l'homme à ses débuts. Malheureusement pour les anthropologues, les agents naturels produisent parfois des effets ressemblant à ceux obtenus par les mains de l'homme, et un certain degré de compétence dans la fabrication et une conception bien marquée sont nécessaires avant de pouvoir être sûr qu'une arme apparemment en pierre n'a pas été façonnée par la nature plutôt que par l'homme. Au cours d'une période récente, des recherches ont été menées avec diligence pour trouver des traces de l'homme primitif sous la forme de pierres taillées, avec une abondance de résultats incontestables et un certain nombre de résultats douteux. Certains d' entre eux remontent très loin dans le temps, et s'ils sont réellement l'œuvre de l'homme, celui-ci doit avoir vécu sur terre comme animal industriel pendant des années qui peuvent se compter par millions. Des pierres apparemment ébréchées ont été trouvées et appartiennent à l'âge géologique lointain du

Miocène. Avec ces derniers se trouvent quelques égratignures sur les os qui semblent également être l'œuvre d'outils. Mais ces reliques du Miocène sont discutables. Ils ne semblent pas surpasser le pouvoir façonnant de la nature elle-même. À moins que des reliques plus indubitables ne soient trouvées, nous devons situer l'avènement de l'homme en tant qu'animal utilisant des outils à une date beaucoup plus tardive. Jusqu'où il a pu exister en tant que bipède ressemblant à un homme est une autre question que nous ne pourrons probablement pas résoudre de sitôt.

Il n'est guère nécessaire de pousser plus loin cette branche de notre sujet. Nous avons atteint l'une des extrémités d'une ligne de développement dont la suite est bien connue. Depuis les premières pierres grossièrement taillées et les silex qui sont certainement l'œuvre de l'homme, nous pouvons facilement retracer sa progression à travers de meilleurs exemples de pierres taillées et plus tard à travers ceux d'outils en pierre polie, jusqu'au début de l'ère du métal. Et avec ces pierres ont été trouvées de nombreuses autres indications des progrès des pouvoirs de l'homme, dans le façonnage des os, l'invention et l'utilisation d'une variété considérable d'instruments et d'ornements, et les premiers efforts de l'art, comme indiqué dans une section précédente. Il n'est pas nécessaire d'entrer dans le détail de ces étapes de progrès. Lorsqu'ils sont atteints, cette section de notre travail se termine. Nous nous intéressons ici simplement à l'ancêtre de l'homme et à l'homme au stade le plus précoce de son existence, et non à l'homme au cours de son développement ultérieur.

IX

LA PREMIÈRE ÉTAPE DE L'ÉVOLUTION HUMAINE

La question a souvent été posée : si l'homme descend d'un ancêtre singe, pourquoi aucune trace de cette forme ancestrale n'a-t-elle été trouvée à l'état fossile ? Si l'homme a connu un développement aussi long, pourquoi n'a-t-il laissé aucun vestige ? Cette question, considérée comme sans réponse par beaucoup de ceux qui la posent, est en réalité d'une importance mineure. Une demi-douzaine de réponses, chacune d'une importance considérable, pourraient facilement y être apportées. En premier lieu, on peut dire que l'absence de dépouilles évoquée est loin d'être un cas isolé, mais un cas parmi des milliers. Il est généralement admis que les espèces d'animaux trouvés fossiles sont très loin de représenter toutes les espèces qui ont existé sur la terre, et n'en forment probablement qu'un infime pourcentage. En deuxième lieu, les restes de l'ancêtre de l'homme n'ont pas été recherchés dans sa localité d'origine, les régions tropicales. En troisième lieu, l'homme appartient à la classe des animaux les moins susceptibles de se conserver à l'état fossile, puisqu'ils habitent au plus profond des forêts et à l'écart des lacs et des ruisseaux au fond boueux desquels les restes de tant d'animaux ont été conservés. été fossilisé. Une autre réponse est que parmi les différentes espèces de singes anthropoïdes qui ont probablement existé dans le passé, quelques reliques d'une seule espèce ont été trouvées. S'il existait une seule espèce, son nombre d'individus aurait dû atteindre des millions, mais parmi ces hôtes, seuls quelques ossements fugitifs sont connus. Il ne pourrait y avoir d'exemple plus frappant de l'imperfection des archives géologiques. Les rares restes de Dryopithecus, l'espèce en question, ainsi que quelques autres fossiles d'espèces douteusement anthropoïdes, nous sauvent d'un vide total et ouvrent la perspective à une myriade de créatures arboricoles actives qui avaient leur demeure dans les temps anciens. forêts européennes, mais ont presque totalement disparu de la connaissance humaine.

Ce ne sont pas les seules réponses que l'on peut apporter à la question posée. Bien que les ossements de l'homme-singe n'aient pas été retrouvés, il existe des reliques de plusieurs étapes du développement de l'homme. Le plus important d'entre eux, jusqu'à récemment, était le célèbre crâne de Néandertal, dont l'aspect facial s'écarte largement de celui de l'humain ordinaire et se rapproche du type simien. Plus significatif encore est le crâne de Pithecanthropus, indicatif d'un animal qui se tenait à mi-chemin entre l'homme et le singe, une créature dans une posture complètement droite , comme le prouve son os de la cuisse, mais avec un cerveau qui n'avait atteint qu'un stade de développement intermédiaire. Dans cette découverte remarquable, nous semblons voir l'homme en devenir, le corps déjà pleinement semblable à celui de l'homme, le cerveau avancé bien au-delà du stade de l'intellect du singe, mais encore bien en dessous de celui de l'homme. C'est le reste d'une créature située de manière significative sur la ligne de démarcation entre l'homme-singe et l'homme.

Voilà pour la réponse à la question telle qu'elle a été formulée jusqu'à présent. Dans l'état actuel des choses, nous ne sommes pas obligés de nous arrêter là. Dans la dernière partie du XIXe siècle, des découvertes ont été faites qui cadrent admirablement avec notre argument. Peut-être devrions-nous les appeler des redécouvertes, car elles étaient imparfaitement connues dans les temps anciens, mais ce n'est que récemment qu'elles sont devenues assez connues par l'homme. Nous faisons référence aux tribus pygmées des forêts africaines, qui ne sont pas proposées jusqu'ici comme des aides à l'élucidation de ce problème, mais qui semblent pourtant s'y adapter étroitement et contribuent certainement essentiellement à combler le fossé entre l'homme civilisé et son espèce simiesque. ancêtre.

Nous avons déjà dit qu'il semble y avoir eu deux étapes distinctes dans l'évolution de l'homme : l'une, celle de son conflit avec le monde animal, aboutissant à sa maîtrise de la création brute ; la seconde celle de son conflit avec la nature, aboutissant à sa maîtrise des ressources de la terre. Au second se superpose et succède un troisième, celui du conflit de l'homme à l'homme, aboutissant à la survie du plus fort de la race humaine. Dans la discussion de ce problème, telle qu'elle a été faite jusqu'ici, ces stades distincts de l'évolution, avec leurs stades de repos intermédiaires, n'ont pas été reconnus ; l'argument étant basé sur l'homme dans son ensemble, et aucune pensée ne porte sur la possibilité que l'homme existant puisse représenter plusieurs processus de développement distincts, avec de larges écarts entre eux. L'argument que nous proposons de proposer est que l'homme tel qu'il était à l'achèvement de sa première étape, celle de l'asservissement du monde animal, et avant le début du conflit avec la nature, existe toujours, la première dérivation de l'homme-singe. , vivant sur place et possédant une grande partie de l'apparence et de nombreuses habitudes de cette forme ancestrale.

Les derniers voyageurs en Afrique ont trouvé bien plus que des arbres et des ruisseaux dans les profondeurs des forêts. Ils y ont trouvé une race d'hommes distincte et particulière, ressemblant à des nègres par bien des points, mais différant des nègres par d'autres, et spécialement marquée par leur stature naine, qui est indiquée dans le nom des Pygmées, qu'on leur donne habituellement. Ces êtres minuscules étaient connus dès l'époque d'Homère, et ses combats légendaires avec les grues sont racontés par lui dans ses poèmes. Il ne savait pas ce que l'on sait aujourd'hui, à savoir que ces nains de la forêt mépriseraient les grues en tant qu'antagonistes et seraient tout à fait capables de vaincre le seigneur éléphant. En vérité, ils ne connaissent pas d'égal dans la forêt, et, bien que dépourvus de toute connaissance en agriculture, ils sont les plus habiles , compte tenu du caractère primitif de leurs armes, des chasseurs de la terre.

La forêt est la demeure des Pygmées, comme elle l'était probablement celle de l'homme-singe. Il habite ses recoins les plus profonds, ses profondeurs humides et étouffantes, et les pins lorsqu'il est éloigné de son royaume natal au cœur des bois tropicaux. En vérité, il est presque aussi entièrement arboricole que l'était son ancêtre arboricole et que le sont ses parents forestiers, les singes anthropoïdes d'aujourd'hui ; n'habitant pas les branches des arbres, mais vivant sous leur ombre, et formant le véritable homme des bois, les chasseurs nomades des vastes forêts équatoriales. Il faut cependant reconnaître que ce n'est pas tout à fait le cas. Il existe des tribus apparemment appartenant à cette race en Afrique du Sud qui habitent en plein désert, mais qui y conservent, dans une large mesure, les habitudes de leurs parents forestiers.

Le premier voyageur moderne à voir les Pygmées fut Du Chaillu , lors de son voyage à travers les forêts africaines en 1867. Il les décrit comme mesurant en moyenne quatre pieds sept pouces, leur teint brun jaune pâle , les cheveux courts, mais leurs corps étaient recouverts d'une épaisse pousse de poils, comme si la perte de leur couverture ancestrale n'était pas achevée. La tribu qu'il a vue était connue sous le nom d' Obongo et habitait en terre Ashango , occupant la région forestière entre le Gabon et le Congo.

Le Dr Schweinfurth , dont l'exploration s'étendit de 1868 à 1870, fut le prochain à rencontrer ces nomades des forêts, dont il a donné une description intéressante dans son « Cœur d'Afrique ». Il les rencontra au pays des Manbuttoo , sur la rivière Welle , entre trois degrés et quatre degrés de latitude nord. La tribu qu'il a vue, connue sous le nom d' Akka , était composée d'individus très petits, aucun ne mesurant plus de quatre pieds dix pouces de haut, et certains seulement quatre pieds. Leurs corps étaient proportionnés à leur taille, de sorte qu'ils ressemblaient en taille à des garçons à moitié adultes.

Les Akkas , tels qu'il les décrit, ont de grosses têtes, d'énormes oreilles et des visages très prognathes. Leurs bras sont longs et élancés, la poitrine plate et étroite, s'élargissant en dessous pour soutenir un énorme abdomen pendant, les jambes courtes et bandées, et la marche est un mouvement de dandinement, il y a une sorte de embardée à chaque pas. À ce dernier égard, ils rappellent le gibbon dans son effort pour marcher. L'aspect béant de la bouche présente une ressemblance suggestive avec celle du singe. Ils ressemblent également à des singes par leurs jeux incessants de visage, leurs contractions de sourcils, leurs gestes rapides des mains et des pieds, leurs hochements et remuements de la tête et leur agilité remarquable. Leur peau est d'une couleur brun terne, « comme du café partiellement torréfié », et dépourvue de la couverture de poils vue par Du Chaillu sur les Obongos . Les cheveux de la tête et de la barbe sont rares et de texture laineuse.

Stanley, qui rencontra fréquemment ces nains des forêts lors de son expédition pour secourir Emin Pacha, donne de nombreux renseignements à leur sujet dans son « In Darkest Africa ». Il trouva en effet deux types de nains, l'un des Wambutti , qui étaient d'aspect attrayant, ayant de grands yeux ronds, des visages ronds pleins et proéminents avec un front large, des mâchoires légèrement prognathes, des mains et des pieds petits, des figures bien formées quoique minuscules , et un teint d'une teinte rouge brique. L'autre type, l' Akka , décrit-il comme ayant « de petits yeux de singe rusés, proches et profondément enfoncés ». Une femme décrite par lui avait «des lèvres saillantes surplombant son menton, un abdomen proéminent, une poitrine plate et étroite, des épaules inclinées, des bras longs, des pieds fortement tournés vers l'intérieur et des jambes très courtes». Elle « méritait certainement d'être classée comme un être humain extrêmement bas, dégradé, presque bestial ». La langue des Akka est d'un type très peu développé et semble être un lien entre la parole articulée et inarticulée.

Stanley, au cours de son voyage au Congo, a entendu de nombreuses histoires sur les nains des forêts, qui lui étaient décrits comme mesurant un mètre de haut, avec de longues barbes et de grosses têtes. D'autres récits traditionnels parlent également de leurs longues barbes, bien que Stanley n'en ait vu aucun répondant à cette description. Le premier individu qu'il aperçut au cours de ce voyage mesurait quatre pieds six pouces et demi et mesurait trente pouces de tour de poitrine. Il était de couleur chocolat clair, avec une fine frange de moustaches, les jambes arquées et les jarrets fins, le mollet étant peu développé. Son corps était couvert d'un poil épais, semblable à une fourrure, long de près d'un demi-pouce, concordant à cet égard avec ceux décrits par Du Chaillu .

Les Batwas, vus et mesurés par le Dr Ludwig Wolfe dans le bassin moyen du Congo en 1886, mesuraient en moyenne quatre pieds trois pouces. Ils ressemblent à l' Akka en apparence générale et ont une tête assez longue, un visage long et étroit et de petits yeux rougeâtres. Ils bondissaient à travers les hautes herbes « comme des sauterelles » et étaient remarquablement agiles pour grimper.

Depuis plusieurs années, des rumeurs couraient sur une race de Pygmées à l'intérieur du Cameroun, mais ces rapports ne furent vérifiés qu'en 1898, lorsque l'expédition Bulu de la force militaire allemande réussit, avec beaucoup de difficulté, à apercevoir plusieurs individus. de cette race, obtenu grâce à l'aide d'un chef indigène. Une femme a été mesurée et s'est avérée mesurant seulement quatre pieds de haut. La couleur allait du brun chocolat au cuivre, sauf les paumes qui étaient d'un blanc jaunâtre. Les cheveux étaient d'un noir profond, épais et crépus ; le crâne large et haut ; les lèvres pleines et gonflées. Comme les autres tribus pygmées, ils sont très timides, errant d'un endroit à l'autre dans la forêt et évitant les itinéraires de déplacement fréquentés. Ce sont d'habiles chasseurs et ils récoltent beaucoup de caoutchouc qu'ils distribuent aux tribus nègres.

La même année, M. Albert B. Lloyd fit un voyage en Afrique centrale, suivant la route de Stanley vers le Congo. Il était seul, à l'exception de quelques porteurs, et eut la chance de traverser le pays des Pygmées et celui des cannibales des Aruwimi sans conflit ni blessure, nouant des relations cordiales avec les deux peuples. Il voyagea trois semaines dans la forêt pygmée et eut d'excellentes occasions d'examiner ses habitants.

Après être entré dans la grande forêt vierge, M. Lloyd est parti vers l'ouest pendant cinq jours sans voir un Pygmée. Soudain, il se rendit compte de leur présence par des mouvements mystérieux parmi les arbres, qu'il attribua d'abord aux singes. Finalement, il arriva dans une clairière et s'arrêta dans un village arabe, où il rencontra un grand nombre de petits nomades. "Ils m'ont dit ", dit M. Lloyd, "que, sans que je le sache, ils m'avaient observé pendant cinq jours, scrutant les buissons de la forêt. Ils semblaient très effrayés et même lorsqu'ils parlaient, ils se couvraient le visage. " J'ai demandé à un chef de me permettre de photographier les nains et il en a rassemblé une douzaine. J'ai pu obtenir un instantané, mais je n'ai pas réussi à prendre la pose, car les Pygmées ne tenaient pas en place. J'ai ensuite essayé de mesurer eux, et je n'en ai trouvé aucun de plus de quatre pieds de hauteur. Tous étaient pleinement développés, les femmes un peu plus légères que les hommes. J'ai été étonné de leur robustesse. Les hommes ont de longues barbes, atteignant la moitié de la poitrine. Ils sont très timides et ne regarderont pas un étranger en face, leurs yeux en forme de perles changent constamment. Ils sont, cela m'a frappé, assez intelligents. J'ai eu une longue conversation avec un chef, qui a parlé intelligemment de leurs coutumes dans la forêt et du nombre de leurs habitants. Les hommes et les femmes, à l'exception d'une petite bande d'écorce, étaient entièrement nus et armés de flèches empoisonnées. Le chef m'a dit que les tribus étaient nomades et ne dormaient jamais deux nuits au même endroit. Ils se regroupent simplement dans des huttes construites à la hâte. Les souvenirs d'un voyageur blanc , M. Stanley, bien sûr, qui a traversé la forêt il y a des années, subsistent encore parmi eux.

La découverte de ces Pygmées des forêts a attiré l'attention sur les Bushmen d'Afrique du Sud, une race vivant dans le désert, connue depuis longtemps bien que relativement peu considérée dans son importance ethnologique. Ils sont aujourd'hui considérés par beaucoup comme une branche éloignée des Pygmées des forêts, la principale différence étant la forme du crâne, plutôt long chez les Bushmen, plutôt court chez les Pygmées. Ces vagabonds dégradés habitent une zone s'étendant des chaînes intérieures des montagnes de la colonie du Cap, à travers le désert central du Kalahari , jusqu'à proximité du lac Ngami, et de là vers le nord-ouest jusqu'à la rivière Ovambo. Dans ces régions, les plus arides des déserts sud-africains, ils ont été poussés par les empiètements des Cafres, des Hottentots et des Européens.

Ils ressemblent beaucoup aux tribus Akka du nord, mesurant en moyenne environ quatre pieds et demi de hauteur, et possédant des yeux profonds et rusés, un nez petit et déprimé et un visage généralement repoussant. Leur teint est d'un jaune sale. Leurs poils poussent en petites touffes laineuses. Dans les environs du lac Ngami, Livingstone les a trouvés de plus grande stature et de couleur plus foncée, tandis que Baines en a mesuré dans cette région certains mesurant cinq pieds six pouces de hauteur. Par leur caractère, les Bushmen sont étonnamment sauvages, malveillants et intraitables, tandis que leur développement cérébral est classé par Humboldt comme appartenant à la classe la plus basse de l'espèce humaine.

nomades dégradés du désert. Ils ne sont pas nains, étant de taille moyenne, mais ils ressemblent aux Bochimans par le teint, et dans l'ensemble de leurs traits, ils présentent une certaine similitude avec les Chinois. Leurs cheveux, comme ceux des Bushmen, poussent en touffes, avec des espaces entre eux, et ils sont comme eux dans le langage, leur méthode de parole consistant en grande partie en une série de cliquetis. Leur manière de parler a été comparée au gloussement d'une poule et, par les Hollandais, au « gloussement d'un dindon ». Les Hottentots présentent toutes les apparences d'être une branche développée de la famille Pygmée, ou le résultat d'un croisement entre Bushmen et nègres.

Ces tribus de nains, maintenant étendues dans les forêts équatoriales et dans les déserts sud-africains, étaient probablement autrefois beaucoup plus répandues, habitant une grande partie du continent et s'étendant jusqu'à Madagascar, où une branche d'entre elles, connue sous le nom de Kinios ou Quinias , est on pensait qu'il existait encore. Ils s'étendaient au nord jusqu'à la Méditerranée et ont laissé leurs représentants au Maroc dans une tribu de nains, hauts d'environ quatre pieds, qui diffèrent considérablement en apparence de tous les autres peuples de ce pays. Quant à leur origine, les opinions varient. Certains anthropologues les considèrent comme une race primitive, distincte des nègres, qui sont apparus plus tard parmi eux. Le professeur Virchow, au contraire, estime que leur seule différence importante avec les nègres est celle de la taille, et il les considère comme les restes d'une population primitive dont les nègres sont issus.

Dans une section précédente, nous avons exposé quelle était l'apparence générale probable de l'homme-singe. Elle était basée sur l'aspect physique des Pygmées, que nous considérons comme le dérivé immédiat de l'ancêtre singe de l'homme, et qui n'ont apporté aucun changement radical dans leur apparence personnelle, si l'on peut en juger d'après les diverses caractéristiques simiesques qu'ils présentent encore. . Mentalement, ils ont fait des progrès très considérables et sont parvenus au stade d'hommes de faibles capacités intellectuelles ; mais tandis que leur cerveau s'est développé, leur corps n'a pas beaucoup changé, et les marques de leur origine sont épaisses sur eux. Il y a probablement eu peu de changement dans leur taille, la petite stature et les petites dimensions corporelles étant en accord avec leur activité incessante, tandis que les difficultés rencontrées pour traverser l'épaisse végétation de la forêt tropicale ont peut-être contribué à les maintenir petits. Dans l'état actuel des choses, ils font environ la moitié de la taille d'un homme civilisé, le poids d'un mâle adulte adulte ne dépassant probablement pas quatre-vingt-dix livres.

En prenant l'ensemble des Pygmées, on peut dire que, bien que beaucoup d' Akkas soient de forme disproportionnée et d'allure chancelante, ces gens sont dans l'ensemble bien faits, leur panse protubérante étant probablement une conséquence de leurs habitudes alimentaires. Le capitaine Guy Burrows dit qu'un Pygmée mangera deux fois plus que ce qui suffirait à un homme adulte, et que l'un d'eux dévorera une tige entière de banane au cours d'un repas, avec d'autres aliments. Certaines tribus sont décrites comme dégénérées physiquement et mentalement, et le prognathisme est dans de nombreux cas fortement déclaré, la partie inférieure du visage ayant un contour simiesque, et le menton saillant, caractéristique particulière à l'homme, étant très déficient. Par leur grand développement abdominal, les Akkas adultes ressemblent aux enfants des Arabes et des nègres. Cela semble donc être le maintien d'un trait primitif qui est devenu un caractère passager chez les types les plus avancés de l'humanité.

Les Pygmées ne sont pas dépourvus d'intelligence et sont capables de recevoir certains éléments de l'éducation. Deux d'entre eux furent amenés en Italie vers 1875 et, en deux ans, apprirent à lire, à écrire et à parler italien avec beaucoup de fluidité. Ils se montrèrent supérieurs dans leurs études scolaires aux enfants européens de dix ou douze ans, et l'un d'eux devint quelque peu compétent en musique. Dans leurs habitudes, ils ressemblaient à des enfants, étant sensibles et impulsifs, aimant jouer et très rapides dans leurs mouvements. Leur empressement à acquérir les éléments de l'éducation est en accord avec l'expérience des autres sauvages. C'est lorsqu'on atteint des études exigeant une pensée abstruse que la facilité d'acquisition des races sauvages prend fin.

Avec cette considération des caractéristiques et de l'habitat des Pygmées, nous pouvons procéder à une révision de leurs habitudes. Les armes qu'ils semblent avoir développées au cours de leur longue progression vers l'ascension, et auxquelles est probablement due leur suprématie sur les bêtes sauvages de la forêt, se composent de deux, l'arc et les flèches et la lance.

L'arc et les flèches sont petits et insignifiants en apparence, et n'auraient que peu de valeur sans le poison que les Pygmées ont appris à se procurer, et qui les rend redoutés, non seulement des bêtes, mais des hommes. Partout où on la trouve, des déserts du sud jusqu'aux forêts de Welle et d'Aruwimi au nord, la flèche empoisonnée est une marque d'affinité aussi marquée à sa manière que leur ressemblance physique. Sa large diffusion indique qu'il s'agissait de l'arme générale des Pygmées il y a des siècles, lorsque, vraisemblablement, ils possédaient toute l'Afrique pour eux et régnaient en maître sur le monde animal de ce continent.

Il est vrai, en effet, que l'usage de la flèche empoisonnée ne leur est pas particulier, mais qu'il s'agit d'une possession assez commune chez les tribus sauvages de toutes les parties de la terre. Il est donc tout à fait possible qu'il ne soit pas originaire des Pygmées, mais qu'il ait été dérivé par eux d'autres tribus. D'un autre côté, compte tenu de sa grande valeur en leur conférant la suprématie sur les animaux inférieurs, il se pourrait bien qu'il s'agisse d'une invention primitive des Pygmées, et que ces tribus soient la source originale de sa large répartition existante.

Ils possèdent plus d'un poison ; l'une étant une substance sombre de la couleur et de la consistance de la poix, qui est censée être fabriquée à partir d'une espèce d'arum. Il est posé dans les attelles de leurs flèches en bois, ou étalé en couche épaisse sur leurs pointes de flèches en fer, lorsqu'ils en possèdent. Un autre poison est de couleur colle pâle , que Stanley suppose être fabriqué à partir de fourmis rouges écrasées. Lorsqu'ils sont frais, ces poisons sont mortels, produisant un malaise excessif, des palpitations cardiaques, des nausées et une pâleur profonde, bientôt suivies par la mort. D'après l'expérience de Stanley, un homme est mort en une minute, d'une simple piqûre d'épingle dans la poitrine. D'autres vivaient à des intervalles différents, allant jusqu'à cent heures. La différence de virulence semble avoir dépendu du degré de fraîcheur du venin, qui perdait apparemment de sa force en devenant sec.

La possession d'une arme aussi mortelle que celle-ci, ainsi que l'agilité, l'audace et l'adresse au tir infaillible des nains des forêts, semblent suffisantes pour leur donner un contrôle absolu sur les animaux des régions sauvages d'Afrique. Le lion, l'éléphant et le buffle, les plus grands et les plus féroces des bêtes des champs et des forêts, sont impuissants devant le venin virulent des flèches des Pygmées, et sans doute depuis des siècles ils ont dominé en tant que dirigeants intrépides des bois et des forêts. sauvage. Le capitaine Burrows dit de l'habileté avec l'arc du Pygmée qu'« il tirera trois ou quatre flèches, l'une après l'autre, avec une telle rapidité que la dernière aura quitté l'arc avant que la première ait atteint son but ».

L'arc et la lance ne sont pas leur seul moyen d'obtenir de la nourriture. Ils possèdent certains arts du trappeur, peut-être originaux chez eux, peut-être empruntés à leurs plus grands voisins. Ils creusent des fosses dans les allées de leur gibier, les recouvrant de bâtons lumineux et de feuilles et saupoudrant le tout de terre. Ils construisent des structures en forme de cabane et déposent des noix ou des plantains en dessous, dans le but de tenter les chimpanzés, les babouins ou d'autres singes. Un léger mouvement fait tomber la cabane sur les animaux imprudents. Des pièges à arc sont placés le long des traces de civettes, d'ichneumons et de rongeurs, qui les cassent et les étranglent. Les Pygmées n'hésitent pas à s'attaquer à l'éléphant, à le transpercer par le dessous et à le chasser pour son ivoire qu'ils échangent avec les tribus sédentaires. En bref, ils sont d'une agilité inégalée et sont les meilleurs des bûcherons et des chasseurs, leur habileté étant mise à profit par les tribus sédentaires, qui échangent avec eux des légumes, du tabac, des lances, des couteaux et des flèches contre de la viande, du miel, des plumes. d'oiseaux, l'ivoire de l'éléphant et autres dépouilles forestières. Ils sont si destructeurs de gibier qu'ils dénuderaient bientôt la forêt environnante s'ils restaient longtemps au même endroit, de sorte qu'ils seraient obligés de se déplacer fréquemment. Schweinfurth les décrit comme étant cruels et friands de tourmenter les animaux.

Ils servent les indigènes sédentaires d'autres manières, agissant comme des éclaireurs et les informant de l'arrivée d'étrangers alors qu'ils sont encore éloignés. Chaque route forestière traverse leurs camps, leurs villages contrôlent chaque carrefour, et aucun mouvement ne peut avoir lieu dans la forêt à leur insu, tant qu'ils sont adeptes de l'art de la dissimulation.

La maîtrise supérieure du bois, le caractère malveillant, les flèches empoisonnées et l'adresse au tir de ces gens de la forêt en font de redoutables ennemis, et les tribus sédentaires les craignent et sont heureuses de rester en bons termes avec eux. Pourtant, ils les trouvent très gênants, puisque leurs voisins nains réclament un accès gratuit à leurs jardins et à leurs champs de plantains, où ils se servent de leurs fruits en échange de petites réserves de viande et de fourrures. En bref, ce sont des parasites humains des plus grands indigènes, qui souffrent de leurs extorsions, mais craignent de provoquer leur inimitié. Burrows dit qu'ils ne voleront jamais, mais qu'ils paient très mal les plantains qu'ils prennent, laissant un très petit paquet de viande en échange d'une ample quantité de nourriture.

Les Pygmées construisent leurs camps à deux ou trois milles des villages nègres, vivant par groupes de soixante à quatre-vingts familles. Une grande clairière peut être entourée de huit à douze de ces camps de Pygmées, avec peut-être deux mille détenus. Leurs habitations ont la forme d'un ovale coupé dans le sens de la longueur et sont construites en cercle grossier, la résidence du chef occupant le centre . Les portes mesurent deux ou trois pieds de haut.

Sur chaque chemin menant au camp, à une distance d'environ cent mètres, se trouve une maison de garde assez grande pour contenir deux des petites gens, sa porte donnant sur la piste venant du camp. En errant dans la forêt, ils construisent les abris de feuilles les plus fragiles.

L'intelligence des Pygmées est d'un niveau très bas. Dans les arts qu'ils développent depuis des siècles, ils sont experts, ils connaissent parfaitement les habitudes des animaux et, comme chasseurs, ils sont inégalés. Mais en matière d'intelligence, ils font décidément défaut. Ils sont dépourvus d'agriculture, ne possèdent aucun animal, à l'exception de quelques chiens, et n'ont aucun élément de culture. Les Bushmen, par exemple, ne peuvent en compter que jusqu'à deux ; tout ce qui est au-delà est « plusieurs ». Pourtant, cette basse tribu de nomades du désert est, comme nous l'avons dit, habile dans l'art du dessin, ses croquis d'hommes et d'animaux étant largement diffusés dans toute la colonie du Cap.

Les Pygmées semblent grandement dépourvus de sentiments sociaux. Burrows, dans son « Pays des Pygmées », dit qu'ils ne possèdent même pas les liens d'affection familiale les plus ordinaires. Des sentiments d'affinité aussi communs et naturels que ceux entre mère et fils, frère et sœur, etc., semblaient manquer en eux.

C'est un fait très intéressant que la race Pygmée ne semble pas confinée à l'Afrique, car des tribus d'hommes ressemblant aux Pygmées par la stature et par divers autres détails se trouvent dans des localités très éloignées, comme à Malacca, dans les îles Andaman et aux Philippines. Archipel, bien qu'il y ait des indications selon lesquelles ils se sont autrefois largement répandus sur cette région insulaire de la terre. Ceux des Philippines, connus sous le nom de Negritos ou Aetas , ont été observés d'assez près et peuvent être brièvement décrits.

Les Négritos sont semblables en stature aux Pygmées d'Afrique, les hommes mesurant en moyenne quatre pieds huit pouces, et ils leur ressemblent en général. Ils ont un teint plus foncé, certains étant aussi noirs que les nègres, et tous plus foncés que les Pygmées africains. Leurs traits sont grossiers et déformés, leur nez déprimé, leurs lèvres charnues, leurs cheveux noirs et crépus. De corps, comme les Pygmées, ils sont minces et aux pattes fusiformes. Le mollet de la jambe n'est développé chez aucun de ces peuples nains. Les Négritos possèdent une caractéristique marquée et significative : la séparation du gros orteil. Celui-ci, bien qu'il n'ait pas la pleine puissance de mouvement montrée chez les singes, est beaucoup plus séparé des autres que chez les blancs, et peut être facilement utilisé pour saisir. Grâce à son aide, le Negrito peut non seulement ramasser de petits objets, mais aussi descendre les gréements d'un navire la tête en bas, en se tenant comme un singe par les orteils. On peut dire que chez les peuples non civilisés et aux pieds nus, le gros orteil est généralement très mobile. Les artisans du Bengale savent tisser, les bateliers chinois savent ramer, avec son aide, et cela ajoute beaucoup à la facilité de l'escalade.

Les Négritos portent peu de vêtements, n'ont pas de demeure fixe et mènent une vie errante dans les forêts, vivant de gibier, de miel, de fruits sauvages, de racines d'arum et d'autres aliments forestiers. Leurs armes consistent en une lance en bambou, un arc en bois de palmier et un carquois de flèches empoisonnées. Il est certainement frappant que, partout où elles se trouvent, de l'Afrique du Sud à l'Extrême-Orient, les tribus pygmées possèdent l'art d'empoisonner leurs armes. Cet art n'est pas pratiqué par les peuples environnants et constitue le témoignage le plus fort d'une communauté d'origine. Cela semble remonter à une époque lointaine où les peuples pygmées se sont répandus loin à travers les tropiques de l'hémisphère oriental, bien que dans la région à l'étude, ils aient presque disparu sous les assauts des Malais.

Les Négritos sont très alertes physiquement, étant remarquablement agiles, alors qu'ils peuvent grimper comme des singes. Ils vivent en groupes d'une cinquantaine de familles, l'abri étant obtenu par une simple érection de poteaux et de feuilles inclinées, bien que dans leurs endroits les plus installés, ils construisent des huttes en bambou comme celles des Malais. C'est une race éphémère, vivant rarement plus de quarante ans. Mentalement, ils sont stupides et apparemment incapables de s'améliorer, semblant se tenir au pied de l'échelle humaine. Des tentatives ont été faites pour les instruire, mais toutes se sont soldées par des échecs. Les efforts visant à en faire des agriculteurs se sont révélés tout aussi vains. Ce sont des chasseurs héréditaires et ils le resteront probablement.

La seule localité orientale dont la race pygmée est restée en pleine possession jusqu'à une époque récente est celle des îles Andaman. Ce n'est plus le cas. La Grande-Bretagne a établi un règlement pénal de ces îles après la mutinerie de l'Inde, et en conséquence les Mincopies , comme on appelle leurs habitants indigènes, ont commencé à disparaître. Ces insulaires sont un peu plus grands que les Négritos philippins, allant de quatre pieds et demi à cinq pieds de hauteur, mais sinon il y a une assez grande ressemblance entre eux. Leur couleur est brun foncé ou noire, leurs cheveux sont laineux et ont tendance à pousser en touffes, comme ceux des Bushmen. La tête, bien que grande par rapport au corps, est en réalité très petite et de faible capacité crânienne. Celui des hommes n'est que de 1 244 centimètres cubes , à comparer aux 1 554 centimètres cubes d'un grand nombre de Parisiens masculins mesurés par Broca. Celle des femmes diffère dans la même proportion. Flower dit que les Mincopies se classent au dernier rang parmi les races humaines à cet égard ; mais il ne faut pas oublier que la taille du cerveau diminue généralement avec la stature.

Aussi petits que soient ces insulaires, leur force est relativement grande. Ils utilisent avec aisance des arcs que les marins anglais les plus forts ne peuvent pas corder, bien que la pratique puisse avoir beaucoup à voir avec cette facilité. Et ils peuvent envoyer des flèches avec une force qui ne semble pas correspondre à leur taille. Leur agilité est remarquable. Les voyageurs parlent de la vitesse de la balle pour décrire leur course, sans doute avec une certaine exagération. Leurs sens sont étonnamment aiguisés. On dit qu'ils peuvent distinguer les fruits par leur odeur lorsqu'ils sont cachés dans le feuillage de la jungle et qu'ils possèdent de merveilleux pouvoirs de vue et d'ouïe. Comme dans le cas des Aetas , leur vie est courte, bien que l'âge de la puberté soit presque aussi élevé que chez nous. Cinquante ans, c'est un âge extrêmement avancé pour ces gens-là, et on dit que vingt-deux ans est leur durée de vie moyenne.

Mentalement, ils se situent à un niveau bas, le plus bas, selon Owen, parmi les races humaines. En comptant, ils n'ont que des mots pour un et deux, mais ils peuvent compter jusqu'à dix en touchant successivement leur nez avec chacun des doigts, en disant à chaque fois : « celui-ci aussi ». Leur langage est d'un type primitif et, à divers égards, ils manifestent une faible intelligence. Pourtant, comme dans le cas des Akkas mentionnés, ils peuvent être instruits au niveau des autres enfants de douze ou quatorze ans. Leur esprit, de l'avis du Dr Brander, semble plutôt endormi qu'incapable. Un enfant a appris à lire et à écrire, à parler couramment l'anglais et a acquis quelques connaissances en arithmétique ; et ce n'était pas un cas exceptionnel.

Il ne semble pas du tout remarquable, si l'on considère la facilité avec laquelle les singes peuvent apprendre de nombreux arts et actes nouveaux pour eux, que ces hommes nains, comme les autres sauvages, bien supérieurs en termes de puissance cérébrale aux singes, soient capables d'apprendre. capable d'acquérir les éléments mineurs de l'éducation. Ce n'est pas ce qu'ils peuvent apprendre, mais ce qu'ils ont eux-mêmes appris, qu'il faut considérer en leur assignant leur place relative dans le développement intellectuel. À cet égard, les Mincopies se situent sur un plan très bas. Ils n'ont même pas acquis l'art de faire du feu, bien que cet art soit presque universel chez l'humanité. Tout ce qu'ils savent, c'est entretenir un feu, et ils y sont très assidus. Il est probable qu'ils aient d'abord obtenu le feu des volcans des îles voisines.

Ils manquent, comme aux races pygmées en général, de l'art de tailler la pierre, un des premiers arts acquis par l'homme. Leur seul moyen de façonner la pierre est de la mettre au feu jusqu'à ce qu'elle se brise ou se brise, alors qu'ils peuvent utiliser les éclats tranchants à leurs fins. Ils sont tout à fait dépourvus de l'art du dessin et n'ont d'autre moyen de communiquer leurs pensées que par la parole.

Pourtant, malgré ces défauts, ils ont fait quelques progrès dans les arts industriels. Ils fabriquent des récipients en bois et peuvent produire des poteries qui résistent au feu et dans lesquelles ils cuisent la plupart de leur nourriture. Ils fabriquent des filets de taille considérable avec lesquels ils pêchent dans les ruisseaux étroits. Ils ont des flèches et des harpons dont les pointes sont attachées au manche par une longue corde. Le poisson ou l'animal terrestre frappé déroule cette corde en voulant s'enfuir, et sa vitesse étant freinée par le manche qu'il entraîne, il est facilement rattrapé.

Les Mincopies possèdent des bateaux, et ceux-ci semblent avoir été les premières possessions des populations Negrito, grâce auxquelles ils purent migrer d'île en île. Leurs canoës possèdent des qualités nautiques qui ont étonné les marins anglais. À une certaine époque, ils étaient probablement des pêcheurs et des navigateurs audacieux et audacieux, jusqu'à ce qu'ils soient poussés vers les forêts et les montagnes par l'invasion des Malais.

De même que les Pygmées étaient selon toute probabilité les aborigènes d'Afrique, les Négritos semblent avoir été le peuple aborigène des îles orientales, sinon de l'Inde. Quatrefages , dans son ouvrage "Les Pygmées", trouve des raisons de croire qu'on en trouve encore aujourd'hui des traces, pures ou mélangées, du sud-est de la Nouvelle-Guinée jusqu'aux îles Andaman, et des îles de la Sonde jusqu'au Japon. Sur le continent, leur aire de répartition s'étend, selon lui, « de l'Annam et de la péninsule de Malacca jusqu'aux Ghauts occidentaux , et du cap Comorin à l'Himalaya ».

de type Negrito est appelée *Banderlokh* (littéralement « homme-singe ») par les tribus voisines. Les Semangs de Malacca sont de couleur noir de jais, avec des lèvres épaisses, un nez plat et un abdomen saillant. En ce qui concerne le caractère du prognathisme, il se présente à divers degrés, l'exemple le plus prononcé étant celui de la photographie d'un des Kalangs de Java, tribu récemment éteinte. Le visage de cet individu ressemble étonnamment à un profil de singe.

Partout où se trouvent ces peuples nains, que ce soit en Afrique, en Inde ou en Malaisie, ils présentent l'apparence d'une race aborigène, aujourd'hui largement anéantie par les incursions de peuples plus grands et mieux armés, mais autrefois répandue et nombreuse. Quant à leur origine, que ce soit en Afrique, en Inde ou dans la région insulaire, il est inutile de spéculer, car les faits sur lesquels une opinion pourrait se fonder ne sont pas connus. Partout où on les trouve, ils sont en relation étroite avec les races noires, les nègres d'Afrique, les Papous de Polynésie, et il existe des preuves d'un degré considérable de mélange de races. C'est particulièrement le cas en Polynésie et en Inde, où les Négritos semblent se transformer en noirs de grande taille grâce à une série intermédiaire de métis.

Il convient cependant de mentionner un fait d'importance ethnologique. Les Négritos et les Pygmées sont partout brachycéphales, ou à tête courte, à l'exception des Bushmen, qui sont dolichocéphales, ou partiellement. Les nègres et les Papous sont fortement dolichocéphales. A cet égard, les peuples pygmées s'accordent plus étroitement avec les races mongoles ou jaunes à tête courte qu'avec les races noires ou noires à tête longue, bien que, par leurs traits généraux, ils se rapprochent de ces dernières.

En vérité, cette race de nains peut être la souche primitive d'où sont issus les Mongols d'une part et les Nègres de l'autre, puisqu'ils sont en quelque sorte intermédiaires entre les deux. Latham dit à propos des alpinistes Rajmalis : « Certains disent que leur physionomie est mongole, d'autres qu'elle est africaine. Quatrefages est fermement d'avis que le nègre est d'origine indienne et a atteint l'Afrique par la migration. Il fonde son opinion sur les caractères négroïdes des tribus existantes en Inde, en Perse et ailleurs en Asie, ainsi que sur les caractères similaires des Polynésiens aborigènes. Quant aux Pygmées, ils se sont probablement répandus sur toute cette partie de la terre à une époque très reculée et ont développé depuis très longtemps les différences raciales qui semblent exister entre les différentes tribus. Des distinctions de ce genre peuvent être observées en Orient, et Stanley en souligne une marquée entre les Wambutti et les Akka , comme déjà indiqué.

Partout où ils se trouvent, les Pygmées sont des chasseurs, s'installant généralement dans la forêt profonde et sont maîtres, grâce à leur agilité, leur ruse et leurs armes mortelles, du monde entier des animaux inférieurs. Physiquement, ils ne sont probablement pas très éloignés de l'homme-singe, leur lointain ancêtre, car ils conservent divers caractères simiesques, comme l'aspect du visage, la forme du corps, la pilosité occasionnelle, la petite taille, la brièveté des pattes, le développement imparfait du corps. veau, démarche occasionnelle en se dandinant en marchant, et les autres détails signalés ci-dessus. Il y a certainement de nombreuses raisons de croire qu'ils sont, comme nous l'avons suggéré, le résultat final du premier grand conflit de l'évolution de l'homme, celui avec les animaux inférieurs.

Une fois cette maîtrise assurée acquise, les possibilités de développement ultérieur de ce peuple cessèrent tant qu'il resta dans l'habitat forestier qu'il avait hérité de ses ancêtres singes. Ici, le problème de l'obtention de nourriture était entièrement résolu et rien ne pouvait déclencher une nouvelle étape dans l'évolution. La période de conflit est terminée, une période de repos est survenue et, pour les Pygmées, cette période continue toujours. Bien que les races ultérieures, leurs descendants probables, aient quitté la forêt et établi de nouvelles étapes de développement à travers de nouveaux conflits avec des conditions défavorables, les Pygmées restent dans leur état de repos et, s'ils étaient livrés à eux-mêmes, ils pourraient continuer dans cet état pendant des siècles dans le monde. l'avenir comme ils l'ont fait pendant des siècles dans le passé. Toutefois, dans l'état actuel des choses, l'anéantissement menace certains d'entre eux, tandis que des influences éducatives et autres venues de l'extérieur pourraient mettre fin à l'isolement physique et mental des autres.

En considérant les Pygmées tels qu'ils existent aujourd'hui, en effet, il est impossible de dire dans quelle mesure leurs habitudes et leurs possessions sont originales avec eux-mêmes et dans quelle mesure ils dérivent des autres. Il ne fait aucun doute qu'ils ont été influencés par les coutumes des peuples environnants de culture supérieure et qu'ils ont reçu des outils et des méthodes de l'extérieur. Pour parvenir au Pygmée pur, résultat de son évolution intérieure, il faudrait lui enlever tous ces auxiliaires fortuits, si l'on pouvait les distinguer des conditions propres à la race, et le voir ainsi tel qu'il était avant sa chute. sous l'influence d'hommes de rang supérieur. S'il était possible de l'isoler de cette manière et de présenter son moi originel, nous aurions devant nous un spécimen ethnologique du plus haut intérêt et de la plus haute importance, comme résultat ultime de la première grande étape de l'évolution de l'homme à partir de son ancêtre le singe.

X
LE CONFLIT AVEC LA NATURE

La question de savoir si l'homme comprend une seule espèce ou deux ou plusieurs espèces d'origine animale a été une question fréquemment débattue. Si une ligne est tracée depuis la Côte de l'Or en Afrique tropicale jusqu'aux steppes de Tartarie en Asie centrale, elle présentera deux races d'hommes nettement distinctes à ses deux extrémités. À son extrémité sud-ouest, nous trouvons la race la plus longue de l'humanité, la plus prognathe, les cheveux crépus et la peau foncée. À son extrémité nord-est se trouve la race la plus ronde, orthognathe, aux cheveux raides et à la peau jaune. A mi-chemin entre ceux-ci apparaissent des peuples intermédiaires, à tête ronde, ovale ou oblongue, à cheveux raides ou bouclés, à peau claire ou foncée, à visage droit ou saillant, des hommes peut-être, à en juger par leur caractère physique, résultat de l'amalgame de ces deux peuples distincts. les courses.

Ces différences peuvent être le résultat de différences originelles entre les espèces ou peuvent être dues à des influences climatiques et autres influences naturelles. Certains auteurs acceptent un point de vue, d'autres un autre, mais ni l'un ni l'autre ne s'appuie sur un grand poids de faits. La race pygmée présente des différences assez similaires. Habituellement à tête ronde, ces petits hommes ont parfois la tête longue, tandis que des distinctions si marquées apparaissent parfois que Stanley a classé deux tribus voisines comme des races distinctes. Ici ils présentent des traits du Mongol, là ils sont semblables au Nègre. Cela tend à indiquer que la distinction entre le Noir et le Mongol a commencé très loin dans le temps, mais cela ne prouve pas qu'elle soit le résultat d'une différence originelle entre les espèces, ou que deux formes distinctes de singes se soient développées séparément pour donner naissance à l'homme. Bien que cela soit tout à fait possible, la théorie d'une seule espèce a été la plus largement acceptée. Les principaux auteurs sur le sujet pensent que les différences sont apparues à cette époque sous-développée de l'humanité, lorsque la résistance aux influences transformatrices de la nature était encore faible et que la structure de la structure humaine aurait pu céder facilement à des agents qui n'auraient que peu ou pas d'effet. là-dessus maintenant.

Ce dont nous pouvons être sûrs, c'est qu'il y a eu une vaste migration de singes à des époques reculées. En quittant les tropiques, de nombreuses espèces se sont répandues vers le nord, s'étendant jusqu'en Europe, qui à cette époque semble avoir été reliée par des ponts terrestres avec l'Afrique, et se propageant loin à travers l'Asie. Il n'y avait probablement rien à cette époque dans les conditions atmosphériques pour freiner une telle migration. On pense que le climat tertiaire de l'Europe a été assez doux. Et la famille des singes n'est pas nécessairement confinée aux régions chaudes. Les singes se trouvent aujourd'hui à haute altitude dans les montagnes de l'Inde, supportant le froid de dix mille pieds d'altitude.

Il existe de nombreuses preuves de la migration vers l'Europe, des restes fossiles de singes ayant été découverts dans de nombreuses localités de ce continent. Parmi ces habitants de l'Europe primitive se trouvait au moins un représentant des singes anthropoïdes, l'espèce fossile connue sous le nom de Dryopithecus, provenant des gisements du Miocène moyen de Saint-Gaudens , en France. Cette espèce, apparemment la plus proche du chimpanzé, était plus grande que n'importe quel singe existant. Deux ou trois autres restes fossiles, peut-être de singes anthropoïdes de plus petite taille, ont été découverts, et l'Europe semble avoir été bien approvisionnée en singes d'un degré de développement considérable à une époque géologique reculée. Parmi celles-ci se trouve peut-être la forme que nous avons désignée l'homme-singe, l'ancêtre de la race humaine, bien qu'aucune relique fossile attribuable à une telle espèce n'ait été reconnue.

En remontant à une période bien inférieure, nous commençons à trouver des traces de l'homme, d'abord dans ses armes et outils en pierre grossièrement ébréchés, puis plus tard dans ses outils en pierre polie. Et les ossements de l'homme lui-même apparaissent, s'étendant à travers ce que l'on appelle la période Quaternaire ou Pléistocène. Presque tous ces restes ont été préservés par l'art de l'inhumation, ce qui indique un certain degré de progrès mental, bien que leur séjour dans des grottes et la grossièreté de leurs instruments témoignent que la race était encore peu cultivée.

Un fait intéressant à propos de ces restes humains anciens est que la plupart d'entre eux indiquent une petite race, au crâne étroit et aux mâchoires prognathes, rappelant dans sa structure générale les Pygmées. Cette race grossière et petite s'est poursuivie jusqu'à une période tardive de la préhistoire. Elle s'est étendue depuis la période de l'ours des cavernes et du mammouth jusqu'à la période ultérieure du renne, comme le prouvent les découvertes faites dans les grottes de la province belge de Namur. Et il y a de bonnes raisons de croire qu'elle s'est poursuivie jusqu'à l'âge du bronze, car la petite taille des manches des armes en bronze montre qu'elles devaient être destinées aux hommes aux petites mains.

Ces personnes minuscules semblent ne pas mesurer plus de quatre pieds huit pouces. Mais ils n'étaient pas seuls. Des hommes de taille normale étaient avec eux en Europe. La migration des Pygmées vers le nord semble avoir été accompagnée ou suivie par celle d'un peuple adulte . Pourtant, les Pygmées ont tenu bon en Europe comme en Afrique, avec certaines modifications. En Sicile et en Sardaigne, qui font partie d'un ancien pont terrestre supposé entre l'Afrique et l'Europe, il existe encore un petit peuple haut d'environ cinq pieds, que le Dr Kollman considère comme représentant une race distincte, les prédécesseurs des grands Européens. Dans les Lapons du nord de l'Europe, nous possédons une autre petite race, peut-être les descendants en ligne directe des Pygmées du Quaternaire. Partout, le petit homme a été contraint de se retirer dans les forêts, les déserts et les terres glacées avant l'homme plus grand et plus fort. Le folklore européen regorge de traditions sur une race de nains et de conflits avec des hommes de plus grande race , et il existe diverses indications selon lesquelles cette race était autrefois très répandue.

Ce qui a été dit ici de la migration de l'homme vers l'Europe et de son développement dans ce pays est préliminaire à l'examen de la deuxième grande étape du développement humain, celle due au conflit avec la nature. Le conflit avec le monde animal semble avoir abouti à la production d'une variété humaine naine, vivant dans les forêts, au stade le plus bas de l'évolution mentale humaine. Le conflit avec la nature a abouti au développement d'une variété humaine à part entière, vivant en grande partie en rase campagne et bien supérieure en termes d'intellect, comme l'indiquent ses pouvoirs de pensée plus élevés et son degré avancé d'organisation.

Le conflit avec la nature a pris plusieurs formes, selon les conditions des différentes régions habitées par l'homme. Son résultat fut de soumettre la nature à l'usage et au bénéfice de l'humanité, et les méthodes, dans les localités tropicales de l'homme originel, consistèrent en la réduction des animaux à l'état domestique et en une domestication similaire des plantes alimentaires. En d'autres termes, l'une de ses premières étapes fut le développement de l'habitude de l'élevage, tandis qu'une étape bien plus importante fut celle de l'apparition des industries agricoles. En Europe, une troisième influence, encore plus vigoureuse, s'est produite, celle du conflit contre le froid et de l'adaptation progressive de l'homme aux conditions d'un climat glacial.

Si les nains nomades étaient les hommes aborigènes, toutes les races ultérieures doivent s'être développées à partir d'eux. Tout en restant dans la forêt et en conservant leurs habitudes primitives, les Pygmées ont présenté un exemple d'évolution arrêtée. Pour qu'un nouveau développement puisse commencer, il a fallu abandonner l'ancienne localité et avec elle les vieilles habitudes, et cela a probablement commencé à une époque lointaine. Quand, en effet, la terre était leur domination, il n'y avait aucune raison pour qu'ils restent confinés dans une résidence forestière, comme ils l'ont été depuis que les races les plus nombreuses ont pris possession des campagnes. Nous n'avons pas besoin de remonter très loin dans le temps pour découvrir que la race pygmée contrôlait totalement les Philippines et d'autres îles, et probablement Malacca et certaines parties de l' Hindostan . Leur restriction actuelle et leur extermination partielle sont dues aux incursions des guerriers

Malais. Les Andaman Mincopies sont restés intacts jusqu'à une date récente et ont ajouté la pêche à leurs activités de chasse. Et les canots que possèdent aujourd'hui ces insulaires étaient probablement l'invention de leur race et fournissaient le moyen par lequel les aborigènes se propageaient d'île en île dans ces mers densément constellées.

En Afrique, le seul indice existant d'une migration des populations forestières vers les campagnes se trouve chez les Bushmen et les Hottentots de l'extrême sud. Les premiers, cantonnés au désert, restent des chasseurs nomades et ne présentent aucune avancée au-delà des Akka et des autres tribus équatoriales. Les Hottentots, au contraire, ont fait un progrès important. Bien qu'encore nomades et accros à la chasse, ils ont domestiqué le bétail et les moutons et sont devenus essentiellement un peuple d'éleveurs, bien que mentalement la race d'éleveurs la plus basse de la planète.

Avec ce changement d'habitudes, les Hottentots ont considérablement augmenté en stature. Bien qu'encore de taille moyenne, ils sont considérablement plus grands que leurs congénères Bushmen, auxquels ils présentent une grande ressemblance à d'autres égards. Cette augmentation de taille est le résultat courant d'un changement d'habitudes qui assure un approvisionnement plus complet en nourriture avec moins de pression sur l'organisation musculaire pour l'obtenir ; un fait dont le monde animal inférieur regorge d'illustrations. La vie des chasseurs de la forêt et du désert est une activité incessante et leur approvisionnement alimentaire est précaire. Les Hottentots, au contraire, vivent facilement et sont enclins à l'indolence, leurs troupeaux leur fournissant une nourriture en abondance avec peu d'effort. Ils conservent suffisamment de souche primitive pour aimer la chasse et, pendant qu'ils s'adonnent à cette activité, affichent l'activité de leur race ancestrale, mais d'ordinaire ils mènent une vie oisive et errante, et leur augmentation de taille pourrait bien être le résultat de leur changement d'habitudes. .

Les Hottentots, bien qu'encore bas dans l'échelle humaine, sont mentalement en avance sur les Bushmen, ils ont une organisation sociale plus développée et des pouvoirs de pensée supérieurs. Ces derniers sont indiqués par leurs mythes et légendes, dont ils possèdent une réserve considérable, bien qu'ils soient dans une large mesure dépourvus de conceptions religieuses, la religion qu'ils possèdent prenant en grande partie la forme primitive du culte des ancêtres. Sous l'influence des Européens , ils abandonnent progressivement leurs vieilles habitudes et adoptent celles de la vie civilisée, mais malgré l'amélioration de leurs conditions sociales et industrielles, il y a peu de signes de progrès intellectuel.

Le développement des méthodes d'obtention de nourriture mis en œuvre par les Hottentots n'était en réalité que l'achèvement de la vieille bataille pour la domination avec l'hôte animal. Elle consistait à soumettre plus pleinement certains herbivores dociles à la maîtrise humaine. Le chasseur a affaire à des bêtes hostiles, victimes mais non serviteurs de l'homme. Le berger a réduit certains de ces animaux en servitude et n'a plus à les vaincre par les durs travaux de la chasse. Il est capable d'obtenir, comme nous l'avons dit, plus de nourriture avec moins d'efforts, une plus grande population peut vivre dans une région limitée et les effets bénéfiques sur l'esprit d'une relation sociale plus étroite sont démontrés.

Mais l'événement le plus important de cette étape de l'évolution fut la soumission du monde végétal à l'homme. Pendant des siècles d'une durée interminable, on n'y a pas pensé. Les fruits et autres produits végétaux faisaient partie de l'alimentation humaine ; mais il s'agissait là de croissances de la nature sauvage, et le monde végétal était laissé à sa propre volonté, sans aucun effort pour le soumettre au contrôle humain. Rien ne prouve que l'idée d'agriculture ait jamais pénétré l'esprit d'un Pygmée. Parmi les plantes qui l'entouraient, la plupart étaient inutiles pour la nourriture, seules quelques-unes étaient disponibles ; mais l'idée de favoriser quelques-uns au détriment du plus grand nombre ne lui est apparemment jamais venue à l'esprit. Il existe, en effet, une certaine agriculture grossière et simple pratiquée par quelques Négritos de Luçon, mais évidemment comme une imitation de l'agriculture malaise ou comme résultat d'un enseignement direct, certainement pas comme une conception originale. Le conflit des Pygmées avec la nature s'est limité au monde animal et a atteint son apogée dans l'industrie pastorale des Hottentots.

Il est impossible de dire où et quand l'asservissement du monde végétal a commencé. Il trouve très probablement son origine dans les terres ouvertes et fertiles des tropiques. Mais qu'elle soit originaire de la région centrale de l'Afrique, ou que les agriculteurs de cette région soient d'origine indigène, sont deux sujets discutables. Les habitants de la forêt se sont peut-être répandus en rase campagne, y ont développé une agriculture rudimentaire, ont favorisé la croissance de plantes alimentaires au détriment d'arbustes et d'arbres inutiles et ont progressivement progressé dans cette nouvelle forme d'industrie. Ceci serait conforme à l'opinion de Virchow, qui considère le nègre comme le descendant du Pygmée. Aucun grand changement n'était nécessaire pour convertir l'un en l'autre. Le Pygmée ressemble à un nègre par son visage et sa constitution corporelle. Il diffère par la taille, le teint et la forme de la tête. Mais de nouvelles conditions pourraient être à l'origine de ces différences. Les soleils féroces des plaines africaines pourraient bien avoir provoqué une augmentation des dépôts de pigment, transformant la teinte jaunâtre du Pygmée en un noir profond du nègre. Une augmentation de taille est un résultat naturel lorsque l'effort diminue et que la nourriture augmente.

Et une tendance de la tête à passer d'une forme courte à une forme longue est démontrée chez les Bushmen.

D'un autre côté, certains anthropologues, parmi lesquels on peut nommer Quatrefages , adoptent un point de vue opposé et croient que les nègres ont migré d'Asie ou des îles orientales vers l'Afrique, étant, comme les Papous nègres, des descendants de la race noire ou noire. Négritos bruns de l'Est. Dans ce cas, l'agriculture pourrait être originaire d'Asie et avoir été importée en Afrique par des migrants. Tout ce que nous savons historiquement à ce sujet, c'est que les premiers sièges d'agriculture traçables semblent avoir été les vallées fertiles de l'Inde, de la Babylonie et de l'Égypte. Mais la culture connue de la terre dans ces régions ne remonte qu'à quelques milliers d'années, alors que pour les premiers stades rudimentaires de l'agriculture, il faut probablement mesurer les années par dizaines de milliers.

Le degré de soumission de la nature aux besoins de l'homme, tel qu'il se manifeste dans l'agriculture tropicale, était relativement faible et son effet sur le développement de l'intellect humain, bien qu'important, était limité. Elle eut pour résultat très utile un grand accroissement de la population, le développement de la vie villageoise et urbaine, un progrès des relations sociales et le début de relations politiques. De nouveaux outils étaient nécessaires, de meilleures maisons furent construites, la condition sédentaire de la population donna lieu à des efforts directs d'éducation et ajouta l'élément important du commerce, dans sa forme la plus ancienne, aux industries de l'humanité. Le résultat a dû être un nouveau départ dans le développement de l'intellect, même s'il a probablement bientôt atteint son point culminant sous les tropiques centraux.

Les résultats les plus élevés du développement de l'agriculture dans les pays tropicaux, sans l'aide d'influences secondaires, semblent avoir été ceux qui existaient dans les régions très fertiles de l'Égypte et de la Babylonie au début de la période historique. La densité de population de ces pays, due à leur production alimentaire prolifique, a donné naissance à des institutions politiques et sociales considérablement développées et a jeté les bases d'un grand progrès ultérieur sous l'influence de la guerre, de l'invasion et d'autres causes plus puissantes. du progrès humain. C'est seulement à cause de telles influences ultérieures que les agriculteurs de ces pays resteraient peut-être aujourd'hui endormis au stade de progrès mental qu'ils avaient atteint il y a dix mille ans.

Si l'on considère les conditions actuelles des nomades forestiers et des agriculteurs africains, il n'est pas prudent de leur attribuer la création de tous les arts et outils qu'ils possèdent. Les nègres, par exemple, ont été pendant des siècles en association plus ou moins étroite avec les Pygmées et peuvent leur avoir enseigné beaucoup de choses qu'ils n'auraient pas pu atteindre grâce à leurs propres capacités de pensée limitées. L'arc et la flèche empoisonnée en sont très probablement originaux. Ils possèdent cette arme dans toute la gamme allant des Hottentots africains aux Négritos philippins, alors qu'elle n'est pas une arme des peuples environnants. La lance est probablement aussi originale. On ne peut pas en dire autant de leurs pièges et de leurs pièges à gibier. Celles-ci semblent au-delà de leur pouvoir d'invention et peuvent très bien avoir été enseignées par les tribus nègres. Leurs habitations, hormis les simples abris de feuilles, avaient probablement une origine similaire. En Afrique, les cases avaient sans doute pour modèle celles des nègres. Aux Philippines, ce sont des huttes en bambou sur pilotis, sur le modèle de celles des Malais. Si donc nous prenons aux gens de la forêt les arts qu'ils ont enseignés ou imités par eux, nous les réduisons à un niveau d'intellect très bas et à une rareté remarquable de produits issus de leur propre pouvoir de pensée.

Un raisonnement similaire peut être appliqué aux indigènes sédentaires d'Afrique. Depuis des milliers d'années, ils ont été en contact sur leurs frontières septentrionales avec des peuples civilisés, de nombreux immigrants sont arrivés dans le pays et un degré considérable de fusion s'est très probablement produit. Nous ne pouvons donc pas leur attribuer en toute sécurité tous les arts et instruments qu'ils possèdent, ni tous leurs progrès politiques et sociaux. Sans aucun doute, beaucoup leur est venu de l'extérieur, beaucoup leur a été appris de l'intérieur, et un mélange de sang avec des races supérieures a peut-être contribué considérablement à l'amélioration de leur race. Nous sommes donc fondés, dans leur cas comme dans celui des Pygmées, à croire que leur stade de développement mental et social n'est qu'en partie original chez eux et est dû en grande partie aux influences de l'éducation et de la fusion.

Le nègre pur n'est pas un élément très nombreux de la population africaine. Il se situe dans une mesure intermédiaire entre les Pygmées nomades de la forêt et du désert et les métis que l'on peut appeler négroïdes mais qui ne peuvent pas être appelés strictement nègres. Grâce à leur sang étranger, la plupart d'entre eux ont acquis des arts et des éléments de culture étrangers et se situent à un niveau physique et mental nettement plus élevé que le nègre pur.

Pour les nègres purs ou presque purs, nous devons rechercher les basses terres de la côte guinéenne, siège du type nègre existant le plus prononcé. D'autres localités se trouvent dans la région du Gabon , le long du bas Zambèze et dans les bassins de la Bénoué et du Shari. Nous trouvons ici le véritable Africain indigène, une race d'aspect remarquablement uniforme et, après les Pygmées, la plus basse en termes de caractéristiques physiques de l'humanité. Les caractéristiques de structure dans lesquelles le nègre semble occuper une position intermédiaire entre l'homme blanc et l'homme-singe, plus basse que le premier et se rapprochant du second, sont les suivantes : Premièrement, sa longueur anormale de bras, qui mesure en moyenne environ deux pouces. plus long que celui du Caucasien, et, lorsqu'il est en position dressée, atteint parfois le genou, étant un peu plus court proportionnellement que celui du chimpanzé. Deuxièmement, son prognathisme, ou projection des mâchoires – son indice d'angle facial étant d'environ 70, comparé au Caucasien 82. Troisièmement, son poids cérébral – moyen européen 45 onces, nègre 35, plus haut gorille 20. Quatrièmement, son petit , nez plat et retroussé, profondément déprimé à la base, large et à narines dilatées à l'extrémité. Cinquièmement, ses lèvres épaisses et saillantes. Sixièmement, ses pommettes hautes et saillantes. Septièmement, sa grande épaisseur de crâne, qui résiste aux coups qui briseraient le crâne d'un Européen moyen. Huitièmement, la faiblesse de ses membres inférieurs, le pied large et plat et le cou-de-pied bas, le talon saillant et le gros orteil quelque peu préhensile.

Ces caractères, les nègres les possèdent en commun avec les Pygmées et les Négritos. D'autres, de moindre importance, pourraient être cités. Un caractère important est celui des sutures crâniennes, qui se ferment beaucoup plus tôt chez le nègre que chez les races supérieures, freinant ainsi le développement du cerveau pendant que le corps est encore en croissance. Beaucoup attribuent à cela l'infériorité mentale de la race noire. Un observateur attentif rapporte, à la suite d'une longue observation dans les plantations du sud des États-Unis, que « les enfants noirs étaient vifs, intelligents et pleins de vivacité, mais à l'approche de la période adulte, un changement graduel s'est produit. se troubler, l'animation cédant la place à une sorte de léthargie, la vivacité cédant à l'indolence. C'est très probablement le cas des Pygmées, qui atteignent également une limite mentale au-delà de laquelle ils ne peuvent avancer ; mais cette limite est fixée dans la période adulte. En d'autres termes, le Pygmée adulte se situe au niveau mental de l'enfant nègre. Si le Pygmée africain a une durée de vie aussi éphémère que son congénère oriental, il ne survit, en règle générale, que de nombreuses années au-delà de l'âge de l'adolescence, et continue dans une étape de l'enfance, mentalement considérée, jusqu'à la mort.

La conclusion à tirer de ce fait intéressant semblerait être que le nègre a fait un progrès mental distinct et important au-delà du Pygmée, atteignant à l'adolescence la limite d'évolution mentale que le Pygmée atteint à la mort. Mais le nègre s'arrête là, ou ne dépasse guère cette limite. Ses sutures crâniennes se ferment, la croissance du cerveau est arrêtée et le développement de son esprit prend fin. Dans le blanc, le cerveau continue de se développer et la fermeture des sutures a lieu plus tard dans la vie. Ce dernier phénomène est probablement le résultat du premier, le développement mental ayant surmonté la tendance des sutures à se fermer au début de la vie. On peut dire en outre du nègre que, mentalement, il est bien plus émotif qu'intellectuel, et amoral plutôt qu'immoral, étant apparemment incapable de comprendre les conceptions morales de l'homme avancé.

Si nous cherchons la région malaisienne et australasienne des mers orientales, nous y trouvons une autre branche de la race noire, également en contact et apparemment issue d'une souche pygmée. Cette race noire papoue couvre une vaste région insulaire, mais, comme la race africaine, elle a été grandement modifiée par le mélange avec des peuples étrangers, en grande partie d'origine malaise. Son type le plus pur se trouve en Nouvelle-Guinée, où il se rapproche du nègre dans son caractère général, bien qu'avec des traits distinctifs qui lui sont propres.

Le Papou est de taille moyenne ; charnu plutôt que musclé; colorer un brun fuligineux; front haut, mais étroit et fuyant ; nez parfois plat et large au niveau des narines, mais plus souvent crochu avec une pointe déprimée ; lèvres épaisses et saillantes ; pommettes saillantes; prognathisme général; cheveux noirs et crépus. Il est d'apparence négroïde et on dit qu'il ressemble à l'Africain de la région côtière en face d'Aden.

Nous n'avons pas besoin d'approfondir ce sujet. Il suffira de proposer la conclusion générale que la race négroïde , si, par son changement d'habitudes du statut de chasseur à celui d'agriculteur, elle a fait un progrès mental et physique au-delà des aborigènes pygmées, ne semble pas avoir beaucoup progressé dans le domaine. soit en particulier, le nègre atteignant une limite mentale à un niveau bas, et étant arrêté physiquement tout en possédant encore les caractéristiques marquées de l'homme-singe.

Pour le développement supérieur de l'homme, sous la pression d'un conflit plus énergique avec les conditions de la nature, nous devons rechercher le continent européen, dont les habitants humains devaient non seulement maîtriser les bêtes sauvages et apprendre à la terre à produire une nourriture saine dans lieu de plantes inutiles, mais aussi pour lutter contre les climats hivernaux et vaincre les influences néfastes du froid, de la stérilité des sols et d'autres conditions hostiles des zones septentrionales.

L'un des principaux problèmes de la biologie a longtemps été celui de la production de nouvelles variétés et espèces d'animaux sous l'effet d'une variation progressive de leur structure. On pense que cela est généralement dû à des changements dans les conditions de la nature, les animaux et les plantes qui ont apporté des changements de structure appropriés étant préservés, ceux qui n'ont pas changé conformément aux nouvelles conditions périssent. Lorsque les conditions naturelles restent uniformes, les espèces peuvent persister pendant de longues périodes sans changement, bien que même dans ce dernier cas, des changements de structure soient susceptibles de se produire, puisque la variation des espèces ne dépend pas entièrement de changements externes. Dans une large mesure, cela est dû à des causes existant à l'intérieur de l'organisme lui-même, des variations fortuites étant parfois préservées lorsqu'elles ne sont pas en harmonie avec l'état de choses prévalant dans le monde extérieur. Une variation peut également se produire par l'établissement de nouvelles relations entre les espèces habitant une localité alors que la nature inanimée reste uniforme, ou par une migration vers un nouvel environnement inanimé ou animé. En bref, des variations peuvent survenir sous l'influence de tout changement dans l'environnement général qui rend nécessaires des changements adaptatifs dans la structure. Mais dans certains cas, cette adaptation a lieu dans l'esprit, de nouvelles actions ou méthodes pour faire face à l'éventualité étant adoptées, ce qui rend les changements physiques inutiles. Le problème est très complexe et il ne fait aucun doute que de nombreuses causes sont liées à la multiplicité des effets.

Il y a très probablement eu de nombreuses occasions où les changements de structure se sont produits rapidement, en conséquence de variations soudaines des conditions naturelles. Des changements de conditions aussi rapides exercent nécessairement un stress ou une pression grave sur les organismes, soit en les détruisant, soit en provoquant une adaptation tout aussi rapide, physique ou mentale. Dans de tels cas, il est probable que de nombreuses espèces périssent, le changement exigé étant trop grand ; d'autres s'échappent par migration vers des localités mieux adaptées ; et d'autres, plus mobiles ou moins affectés par le changement, survivent grâce à des variations adaptatives.

De telles périodes de tension sur la nature organique, nous n'en connaissons qu'une seule dans les temps géologiques récents, celle connue sous le nom d'âge glaciaire, la vaste variation climatique qui s'est produite lorsque la glace du Grand Nord s'est déversée en vagues puissantes sur le nord de l'Europe et de l'Amérique. , enfouissant tout sous son poids écrasant et mettant fin soudainement et prématurément à de nombreuses formes de vie. Sans doute un nombre considérable d'espèces animales et végétales ont péri devant cette effroyable invasion. Un exemple notable parmi ceux-ci est peut-être celui du cheval américain, disparu vers cette époque. D'autres espèces ont survécu en se retirant vers des régions plus tropicales, pour revenir après que l'invasion ait épuisé sa force. D'autres encore ont peut-être survécu en s'adaptant aux nouvelles conditions, émergeant sous la forme de nouvelles espèces ou de variétés bien marquées.

Parmi les êtres qui ont survécu indemnes à cet extraordinaire changement climatique se trouvait apparemment l'homme. Et il semble prudent d'affirmer que la lutte de l'homme contre les conditions glaciaires, dont la force s'exerçait sur son esprit plutôt que sur son corps, fut l'une des influences les plus puissantes dans l'évolution de la race humaine. L'homme a participé au concours avec un faible niveau de développement mental ; il en est sorti à un niveau relativement élevé.

Personne aujourd'hui ne remet en question le fait que l'homme était un habitant de l'Europe à l'époque glaciaire. Les preuves en sont trop nombreuses et trop positives pour être mises en doute. Il se peut qu'il ait habité l'Amérique à la même époque, même si des doutes subsistent à ce sujet. Des allégations ont été faites concernant la découverte de traces de l'homme en Europe bien avant l'époque glaciaire, remontant au Pliocène et même au Miocène. Mais ces affirmations n'ont pas été établies de manière incontestable, et les premières traces généralement reconnues de l'homme se limitent à l'Europe glaciaire.

Pourtant, nous sommes obligés de reconnaître que si l'homme a existé en Europe pendant la période glaciaire, lui ou son ancêtre a dû y être avant cette période. Il est absolument certain qu'aucun animal habitué aux conditions tropicales n'aurait choisi cette période de froid extrême pour migrer des tropiques chauds vers le nord gelé. Le fait que l'homme ait vécu en Europe à l'époque glaciaire est la preuve la plus solide qu'il y est arrivé au cours de la période précédente, plus douce, lorsque l'on pense qu'un climat doux et uniforme régnait dans toute l'Europe méridionale et centrale. Si nous pouvions accepter comme un fait les preuves apparemment très anciennes du travail de l'homme, nous serions obligés de le considérer comme un habitant de l'Europe bien avant l'époque glaciaire.

Si, comme il y a lieu de le croire, l'homme d'Afrique de cette époque reculée était l'ancêtre des Pygmées forestiers d'aujourd'hui, d'un niveau mental plus bas et d'un aspect plus bestial qu'aucun de ses descendants, mais pourtant très avancés dans l'esprit est au-delà de l'homme-singe des âges antérieurs, alors nous pouvons avec une certaine assurance accepter cela comme le type de l'homme primitif de l'Europe. Il aurait pu y arriver par les ponts terrestres qui, pense-t-on, reliaient alors l'Europe et l'Afrique, l'un fermant le détroit de Gibraltar, l'autre s'étendant vers le sud depuis l'Italie via la Sicile. Telles sont les routes par lesquelles les singes sont censés être entrés en Europe et que l'homme a peut-être emprunté plus tard. Il est en effet possible que l'homme ait atteint le continent septentrional à partir d'une autre localité, l'habitat de la race Negrito en Asie du Sud-Est et les îles malaisiennes. L'homme-singe fossile de Java, le Pithécanthrope, constitue un argument solide selon lequel c'est la région, ou l'une des régions, dans laquelle le développement de l'homme a eu lieu. Quoi qu'il en soit, nous pouvons être assurés que l'homme primitif était beaucoup plus susceptible d'élargir son champ d'occupation par la migration que tout autre animal, et nous pouvons supposer qu'il s'est répandu en Europe et en Asie dans les temps préglaciaires doux, et peut-être même a atteint l'Amérique. donnant naissance aux premiers hommes de cet hémisphère.

L'avènement de l'homme en Europe n'a probablement pas été suivi d'un développement intellectuel considérable. Le climat doux et équitable qui semblait régner à cette époque n'était pas susceptible de mettre à rude épreuve ses ressources mentales. La nourriture était très probablement abondante et facile à obtenir, les animaux de chasse étant nombreux et les racines et fruits comestibles ne manquaient en aucun cas. Ainsi, il pouvait facilement obtenir des moyens de subsistance grâce aux arts et aux armes qu'il employait dans les forêts tropicales. Il n'est pas improbable que certains changements, tant physiques que mentaux, se soient produits, mais ils n'étaient probablement pas considérables. Il peut y avoir eu un certain changement de couleur et de forme, un premier pas vers les distinctions qui séparent l'homme blanc de l'homme noir, et un certain degré d'adaptation mentale à certaines exigences de la nouvelle situation ; mais dans aucun des deux sens les variations n'étaient susceptibles d'être très prononcées.

Tel que nous le concevons, était l'homme de l'Europe primitive, dans une large mesure le pendant du nomade forestier des tropiques d'Afrique et d'Orient, le monarque du règne animal, mais non le seigneur de la terre. Il a peut-être fait quelques progrès dans la compétition avec la nature inanimée. La nourriture végétale dans sa nouvelle maison était moins abondante que dans son ancienne et l'incitation aux activités agricoles était plus forte. Et même si l'Europe était densément boisée, elle présentait probablement plus de terres ouvertes que l'Afrique. L'incitation à l'agriculture et les facilités nécessaires à son exercice étaient, selon toute probabilité, plus grandes qu'en Afrique, et l'homme a peut-être commencé à cultiver la terre ici plus tôt que dans son royaume natal. Nous sommes au moins libres de supposer que l'homme européen a acquis une certaine connaissance de l'agriculture au cours de la période préglaciaire, mais cela est douteux et les reliques des premiers hommes ne fournissent aucune preuve en sa faveur. Mentalement, on peut se demander s'il était avancé au-delà du niveau des tribus noires les moins développées, et peut-être pas au-delà de celui des pygmées des forêts.

Mais enfin l'ombre d'un puissant changement à venir commença à tomber sur le beau visage de l'Europe. D'année en année, les hivers devenaient plus froids. La calotte glaciaire, qui était sur le point d'enterrer la moitié de l'Europe sous son manteau froid, avait commencé son lent mouvement vers le sud. Cela avançait très lentement. Des siècles se sont écoulés au cours de sa marche délibérée. S'il s'était déplacé avec rapidité, peu d'animaux auraient pu survivre à ses effets. Certains d'entre eux ont trouvé le temps de modifier leur structure pour s'adapter aux nouvelles conditions. D'autres ont péri alors que le froid hivernal s'intensifiait. Constitués pour la chaleur tropicale, ils étaient incapables de supporter le froid intense. Les singes et les singes pourraient avoir été parmi les premières victimes. Aujourd'hui, les singes de Gibraltar sont les seuls qui existent à l'état sauvage en Europe, et il est douteux qu'ils appartiennent à une souche originale. Il y a de bonnes raisons de croire que la migration vers le sud a été interrompue par l'effondrement des anciens ponts terrestres, de sorte que les animaux au nord de la Méditerranée n'ont eu aucun choix entre l'adaptation et l'anéantissement.

Parmi les animaux ainsi prisonniers du froid glaciaire se trouvait l'homme européen. Il ne pouvait pas s'échapper et fut forcé de rester, exposé à l'alternative entre périr de froid et de faim, ou se préparer à supporter les nouvelles conditions qui s'abattaient sur sa maison du nord, peut-être les plus défavorables à la vie animale qu'on ait jamais connues. . L'homme était sur le point d'être soumis à une tension extraordinaire, à laquelle il ne pouvait faire face que par une adaptation extraordinaire.

Les changements par lesquels il rencontra ces nouvelles conditions étaient dans une très faible mesure physiques ; ils étaient presque entièrement mentaux. Chez tous les animaux des ordres supérieurs, les variations adaptatives sont susceptibles de présenter dans une certaine mesure ce caractère, le corps étant soulagé du besoin de changement structurel grâce à une nouvelle activité de l'esprit. Chez l'homme, c'était sans aucun doute le cas dans une grande mesure, probablement dans une très grande mesure. Il peut y avoir eu une augmentation de la taille et de la force, des variations de couleur, des organes respiratoires, du pouvoir de résistance de la cuticule au froid, etc., mais le principal changement physique a été une croissance du cerveau et une expansion du cerveau. crâne, donnant lieu à une physionomie moins bestiale et à une puissance mentale avancée.

Un changement physique qui semblerait nécessaire pour permettre à un animal de supporter un froid intense, à savoir le développement d'une épaisse couche protectrice de fourrure ou de poils, ne s'est pas produit chez l'homme. Le changement était plus probable dans l'autre sens, puisque la couverture velue que possèdent de nombreux habitants de la forêt a disparu. Cette perte de cheveux chez l'homme a été attribuée par Darwin à la sélection sexuelle, cette puissante influence à laquelle les animaux semblent devoir tant de structures physiques sans utilité apparente, et certaines d'entre elles apparemment désavantageuses. Dans le cas de l'homme, dans les circonstances ici considérées, exposé sans protection naturelle au froid croissant de la calotte glaciaire qui avance, l'influence de la sélection sexuelle aurait certainement trouvé une forte force contraire dans la sélection naturelle, s'il n'y avait eu d'autres moyens d'y échapper. l'influence du froid a été constatée.

Dans l'état actuel des choses, la difficulté a sans doute été en grande partie surmontée grâce à l'adoption de vêtements artificiels. L'esprit est venu au secours du corps. L'homme qui pouvait tailler une pierre en forme de hache ou de lance était suffisamment avancé mentalement pour concevoir l'idée de couvrir son corps de feuilles liées ensemble d'une manière ou d'une autre, d'autres tissus végétaux ou de peaux d'animaux tués. On recherchait également une protection contre le froid dans les cavernes et les abris sous roche, et l'homme resta très longtemps un homme troglodytique. Il n'est guère de caverne en Europe occidentale où il n'ait laissé quelque trace de sa résidence. Là où il n'y avait pas de grottes, des abris artificiels rudimentaires furent probablement construits. Même l'orang construit un abri de ce genre, et l'on conçoit aisément que l'homme se constitue très tôt un abri de feuilles et de branches, à partir duquel, à mesure que le froid augmentait, il pourrait facilement faire évoluer une cabane composée d'une charpente en bois. recouvert de peaux comme celles dont il se servait pour se vêtir.

Quand et où la découverte la plus importante, celle du feu, a été faite, il est impossible de le dire. Les incendies provoqués par des causes naturelles, telles que les incendies déclenchés par la foudre, ont sans doute très tôt enseigné à l'homme l'avantage de ce moyen de protection contre le froid, mais la production artificielle de feu était un processus trop complexe pour être réalisé par un homme non développé, sauf comme moyen de protection. résultat d'un accident. Cela n'a jamais été réalisé, comme nous l'avons vu, par les Andaman Mincopies . Les rudiments de l'art du feu appartenaient à l'homme primitif. En taillant des silex pour en faire des pointes de flèches ou de lances, des étincelles devaient souvent provenir de la pierre dure, et parfois celles-ci pouvaient tomber sur un matériau inflammable et enflammer. Le frottement nécessaire au façonnage et au polissage des massues de guerre peut avoir produit une chaleur provoquant occasionnellement un incendie. En perçant les trous nécessaires à la fabrication des aiguilles trouvées parmi les outils primitifs, un procédé ressemblant à celui de l'exercice d'incendie a dû être employé. En bref, il n'est pas difficile de concevoir plus d'une manière par laquelle l'art de faire du feu aurait pu être acquis par accident, même si cela a peut-être été tardif, puisque certains, peut-être tous, des arts décrits n'ont pas été acquis. jusqu'à l'ère glaciaire. Une fois possédé, cet art important n'aurait guère pu disparaître. Avec son aide, l'homme pouvait défier les effets du froid glaciaire, dans la mesure où son action directe sur son corps était concernée ; et grâce à cela, il obtint également un moyen de défense nouveau et efficace contre les animaux carnivores, qui depuis lors craignent plus le feu que les armes.

La découverte des méthodes d'allumage artificiel du feu a peut-être été précédée par une utilisation des flammes provoquées par la foudre et d'autres causes naturelles, le feu étant transporté par des torches d'un foyer à l'autre et entretenu avec un soin assidu. Même après l'invention des méthodes artificielles d'allumage du feu, nos ancêtres sauvages prenaient un soin extrême à maintenir leurs feux allumés, comme le font aujourd'hui les Mincopies , et cette attention attentive a laissé ses traces jusqu'à des temps très récents. L'appareil pour allumer une flamme était si important qu'en Inde, le tourbillon de feu est devenu un dieu et est devenu l'une des principales divinités de ce pays polythéiste. Dans de nombreux autres endroits, notamment en Perse, l'élément flamme était élevé à la dignité de divinité et vénéré parmi les dieux supérieurs. Chez les Américains semi-civilisés , le péril de perdre le feu donna lieu à une sérieuse cérémonie religieuse. À certains intervalles déterminés, tous les incendies dans les limites d'une tribu ou d'une nation étaient éteints, et une période de tristesse, de découragement et de peur des puissances malignes succédait. Ensuite, le « feu nouveau » fut allumé sur l'autel du temple, et la flamme fut transportée par des messagers rapides de foyer en foyer à travers le pays. Ceci fait, la période de morosité fut suivie par une période de joie et de fête générale. Les divinités malignes furent bannies ; les dieux de la lumière et de la chaleur étaient à nouveau dominants ; le bonheur et la sécurité étaient revenus à l'homme.

Le début de l'utilisation des vêtements, des abris artificiels et du feu a constitué l'une des périodes les plus vitales de l'histoire de l'évolution humaine. Coïncidant avec eux, la production d'une bien plus grande variété d'instruments que ceux possédés auparavant, et beaucoup d'entre eux étaient bien supérieurs aux formes plus anciennes et plus grossières. La lutte contre le froid glacial avait sorti l'esprit de l'homme de son ancienne paresse et l'avait mis activement à l'œuvre pour concevoir des moyens de contrecarrer les périls de sa situation et de l'adapter aux nouvelles conditions d'existence.

Parmi les étapes importantes du progrès figurait très probablement un progrès considérable dans l'utilisation du langage, permettant aux hommes de cette époque de se consulter et de se conseiller plus facilement, de donner des avertissements adéquats en cas de danger, d'aider à la chasse ou aux activités industrielles. , pour éduquer les jeunes et transmettre de nouvelles idées ou enseigner de nouvelles découvertes aux anciens. Les capacités mentales des individus les mieux entraînés servaient alors comme aujourd'hui à l'ensemble de la communauté, et rien de ce qui avait été acquis autrefois n'était susceptible d'être perdu. À cette époque primitive, la découverte et l'invention se poursuivirent probablement avec une lenteur interminable par rapport aux progrès des époques ultérieures, et pourtant, même alors, de nouvelles idées, une à une, apparurent dans l'esprit des hommes et, étape par étape, les méthodes de vie s'améliorèrent.

Un effet important du froid glaciaire doit être pris en compte. Il ne fallait pas se prémunir contre la rigueur du temps. La découverte du feu et l'invention du vêtement et de l'habitation n'ont pas suffi à assurer la préservation de l'homme. Car le froid intense a dû modifier considérablement les conditions d'approvisionnement en nourriture, et l'homme de l'époque avait du mal à se procurer les premières nécessités de la vie. L'homme facile à vivre des premiers temps, vivant au milieu d'une abondance de fruits et de légumes et entouré d'un grand nombre de gibier, ou résidant au bord de ruisseaux remplis de poissons faciles à capturer, trouvait probablement la question de sa subsistance d'une importance mineure. L'avènement de l'ère glaciaire a donné à cette question une importance majeure. L'approvisionnement en fruits et en substances végétales a été considérablement réduit par le froid mordant, et le nombre d'animaux destinés à l'alimentation a été réduit en conséquence ; tandis que pendant une grande partie de l'année, les effets du gel chassaient les poissons des ruisseaux et coupaient effectivement cette source de nourriture. L'homme fut placé dans une situation dans laquelle seul l'exercice le plus actif de ses facultés de pensée pouvait le préserver de l'anéantissement.

Il trouvait désormais l'exercice de l'art de la chasse plus difficile que jamais, qui nécessitait un nouveau développement de courage, de ruse, de vigilance et d'endurance, la rareté des animaux l'obligeant à faire de longs voyages et à attaquer les créatures les plus fortes. On ne peut dire s'il possédait ou non la flèche empoisonnée, que les Pygmées trouvent aujourd'hui si efficace, mais selon toute probabilité , il fut contraint d'inventer de nouvelles armes plus destructrices, nécessité qui donna un nouvel exercice à ses pouvoirs d'invention. Autant que nos connaissances actuelles le sachent, l'art de tailler des pierres pour en faire des armes et des instruments n'était pas possédé avant cette période, et cela peut avoir été le résultat des exigences sévères de la situation et de la stimulation mentale qui en résultait. Cet art n'est possédé par aucun des Pygmées, l'approche la plus proche étant de fendre la pierre par le feu et d'utiliser les éclats comme armes. Il est très probable que l'homme préglaciaire était également dépourvu de cet art.

Sous la rude pression des conditions glaciaires, les faibles et les incapables succombaient sans aucun doute au froid et au manque de nourriture ; les plus forts et les plus capables ont survécu, ont acquis des pouvoirs supérieurs, ont conçu de nouvelles armes et de nouveaux instruments et se sont adaptés à une situation nouvelle et résolument défavorable. En dépendant longtemps, dans une mesure considérable, de ses capacités physiques, l'homme en est venu à faire plus pleinement confiance qu'auparavant à ses facultés mentales, le résultat étant une variation beaucoup plus grande dans la taille et l'activité de son cerveau que dans d'autres parties de sa structure physique. Alors qu'il était devenu plus difficile de trouver et de capturer des animaux destinés à la consommation, il était en même temps plus menacé par les bêtes carnivores, contraintes par une famine partielle à surmonter leur peur de l'homme. Il fut ainsi obligé de devenir aussi alerte et prêt en défense qu'il l'était en attaque, de s'associer plus pleinement avec ses semblables dans ses excursions de chasse et ses autres travaux, et d'adapter encore plus les formes et les forces de la nature à ses besoins. sa carrière d'animal fabricant d'outils étant grandement stimulée par les nécessités de sa situation.

Il est concevable que l'art de l'agriculture ait pu être l'un des résultats de la situation dans laquelle se trouvait aujourd'hui l'homme. La diminution des réserves alimentaires a dû mettre à l'épreuve toutes ses capacités d'invention, et la diminution probable du nombre et de la productivité des plantes alimentaires a peut-être servi d'incitation à la culture de plantes utiles et à la conservation de leurs produits, où possible, pour l'approvisionnement hivernal. Il n'est pas improbable que c'est ainsi et sous l'effet de cette stimulation que l'agriculture ait commencé et qu'elle se soit ensuite propagée de cette localité vers des régions plus méridionales. Mais en cela, nous ne pouvons pas aller au-delà de la conjecture.

Il semble inutile d'approfondir ce sujet, puisque l'absence de faits nous oblige à nous limiter en grande partie à des suggestions et à des probabilités. Nous sommes parvenus à deux hypothèses précises : premièrement, que l'étape initiale de la progression de l'homme depuis les singes s'est achevée lorsqu'il a acquis la domination sur le règne animal et atteint la condition des pygmées des forêts ; deuxièmement, qu'il avait atteint un stade avancé lorsqu'il parvint à conquérir la nature, pour autant qu'il s'agissait de surmonter les conditions extrêmement défavorables de l'ère glaciaire. À la fin de cette période de froid glacial, l'homme est apparu comme un être supérieur aux nomades des forêts ou aux agriculteurs des tropiques, possédant des arts et des outils bien supérieurs et des pouvoirs mentaux largement accrus. La longue et amère lutte pour l'existence qu'il avait traversée l'avait élevé à un niveau beaucoup plus élevé dans le progrès ascendant de la vie.

C'était encore un sauvage et, à la fin de la lutte, il s'installa dans une seconde étape de stagnation. Le conflit était terminé, il était vainqueur du combat, il pouvait se reposer sur ses lauriers et vivre tranquillement. En plus de ses acquis mécaniques, l'homme avait beaucoup progressé dans ses relations sociales et politiques, et il a continué à progresser jusqu'à ce que sa forme primitive d'organisation soit perfectionnée. En fin de compte, nous le trouvons existant sous deux conditions, selon les différences dans le caractère du pays dans lequel il vivait.

Dans les steppes et les déserts d'Asie et les déserts d'Afrique, il était un berger nomade, passant sa vie à s'occuper de ses troupeaux, son organisation politique étant patriarcale, ses possessions peu nombreuses, ses besoins minimes, son esprit en paix, ses progrès sont en grande partie terminés. Ainsi vit-il encore, et cette organisation et ce mode de vie subsistent encore, peu affectés par les longs siècles écoulés et peu modifiés par les nombreuses guerres dans lesquelles il a été engagé. Mentalement, l'homme de la steppe et du désert est aujourd'hui peu avancé par rapport à ses prédécesseurs d'il y a des milliers d'années.

Dans les régions les plus fertiles de la terre, l'homme était devenu agriculteur, chaque clan possédant sa parcelle de terre comme propriété commune. Une forme d'organisation politique différente, bien que primitive, est apparue ici, celle de la communauté villageoise, dans laquelle il n'y avait aucune distinction entre riches et pauvres, tous les hommes étaient égaux en droits et privilèges, tous étaient satisfaits de leur situation et l'état mental était en grande partie différent. celui de la stagnation. Nous constatons que cette situation politique a été répandue sur toute la terre, aussi bien dans les hémisphères est que occidental, comme étant celle dans laquelle toutes les communautés agricoles en développement ont émergé et dans laquelle elles ont persisté inchangées jusqu'à ce qu'elles soient contraintes d'adopter de nouvelles relations par une nouvelle influence encore à venir. être décrit. De même que le clan patriarcal est persistant dans les steppes et les déserts asiatiques, la communauté villageoise l'est également dans les plaines russes et chez les Aryens de l'Hindostan . Elle a généralement été surmontée dans d'autres localités, mais elle s'est largement étendue jusqu'à une époque relativement récente, et on en trouve encore des traces dans de nombreuses régions de la terre.

L'organisation politique de ces communautés primitives d'éleveurs et d'agriculteurs était des plus simples. Le clan des bergers était présidé par un chef patriarcal, dont l'autorité reposait sur sa position de représentant de l'ancêtre de la communauté. Le chef du clan agricole était élu par le libre choix de ses camarades, ses égaux en rang et en position. Mais le descendant supposé le plus direct de l'ancêtre du clan était susceptible d'être choisi. Dans les deux cas, l'organisation politique était de type familial, n'étant qu'une extension du gouvernement familial, et le système largement répandu de culte des ancêtres avait beaucoup à voir avec le respect dans lequel le chef était tenu et l'autorité qu'il exerçait.

Le développement de cette phase du progrès humain ne s'est pas arrêté là. Les royaumes et les empires sont apparus comme les résultats directs de cette situation. Dans certaines localités, comme l'Égypte et la Babylonie, la grande fertilité du sol à l'époque a donné naissance à une population dense, largement regroupée dans les villes et les villages, où se développaient des industries autres que l'agriculture et où existaient des relations sociales plus étroites. La simple organisation du village ou du clan n'était pas suffisante pour une telle population, et un système gouvernemental plus complexe est apparu ; mais il semble avoir été simplement une extension de l'ancien système de chefferie, fondé sur la relation familiale ou paternelle et sur le développement de l'influence religieuse et du contrôle sacerdotal. Il semble, en fait, que c'est sous l'influence des idées religieuses que les hommes ont accédé au pouvoir et sont devenus suprêmes sur leurs semblables.

Nous ne nous intéressons pas ici au développement des systèmes religieux, sinon à dire que dans la communauté agricole primitive, une succession d'idées sur la relation de l'homme avec l'invisible sont apparues, donnant lieu, en plus du culte répandu des ancêtres, à un système de chamanisme, ou la croyance en la présence et le pouvoir d'esprits malins, et celle du fétichisme, qui s'est développée en mythologie, ou culte des grandes puissances de la nature. Ce qui nous préoccupe, c'est le fait que de ces conceptions religieuses est né partout un sacerdoce, commençant par le simple prestidigitateur ou le guérisseur par des sortilèges et des incantations, et se développant en un établissement sacerdotal dont les membres dirigeants exerçaient un contrôle vigoureux sur le peuple à travers leurs croyances. , peurs et superstitions.

Ce système sacerdotal fut la base de la première organisation impériale. L'autorité royale ne s'acquiert pas au début par le pouvoir sur le corps des hommes, mais par l'influence sur leur esprit. Il y a de nombreuses raisons de croire que le chef du clan ou de la tribu, qui dirigeait le culte public et était considéré comme le représentant de son ancêtre divin, conservait l'influence qui en découlait à mesure que la tribu se développait pour devenir la nation, ajoutant le pouvoir et la puissance. position du grand prêtre à celle du chef de tribu.

Il existe de nombreuses preuves que, de cette manière simple et directe, l'organisation impériale est partout née des systèmes villageois et patriarcaux primitifs. Dans les premiers jours de l'Égypte, avant le début de son ère de conquête, le Pharaon était le grand prêtre de la nation, faible en puissance temporelle, fort en puissance spirituelle ; et l'organisation politique en général est probablement née de l'establishment sacerdotal. Il est très probable que le royaume babylonien ait été organisé de la même manière, même si les guerres et les changements de dynastie ont obscurci son état initial. En Chine, le patriarche d'une horde nomade devenait empereur d'une nation conservant le culte des ancêtres comme système religieux principal . Il occupait, et occupe toujours, la position de père de son peuple, de représentant de l'ancêtre originel et de grand prêtre de la nation.

En Inde, l'établissement sacerdotal était organisé différemment. C'était une démocratie plutôt qu'une aristocratie. Il n'y avait pas de grand prêtre pour prendre les rênes du gouvernement. En conséquence, aucun empire n'est né en Inde. Une simple excroissance du système tribal s'est développée, chaque tribu sous la direction de son chef, tandis que le sacerdoce dans son ensemble restait les véritables dirigeants du peuple.

Si nous venons en Amérique, nous découvrons une situation similaire, le chef de l'establishment religieux devenant partout le chef de la nation. Ce fut le cas au Mexique, où Montezuma était grand prêtre et tirait en grande partie son pouvoir de cette position. Ce fut le cas au Pérou, où l'Inca était le représentant direct sur terre de la divinité solaire. C'était le cas des communautés agricoles du sud des États-Unis, dont Mico était à la fois grand prêtre et autocrate. C'était sans doute le cas des Mound Builders, dont ces communautés étaient probablement les descendantes.

Tel semble avoir été le résultat final de la lutte avec la nature, lorsqu'elle lui a permis de se développer de manière naturelle et sans obstacle. Une série d'empires d'un type simple d'organisation surgit, leurs dirigeants unissant le pouvoir temporel et spirituel et devenant des autocrates dans un double sens, des seigneurs suprêmes du corps et de l'âme. C'était par nature un type persistant. Une fois atteint, il tend à se poursuivre indéfiniment, stagnant après l'ère de croissance. Mais la guerre et les invasions l'ont brisé partout, sauf en Chine, un pays largement défendu par la nature contre l'invasion et habité par un peuple intrinsèquement pacifique. De même que le groupe des Pygmées des forêts représente aujourd'hui l'achèvement de la première étape de l'évolution humaine, de même l'empire patriarcal de Chine représente celui de la seconde. La stagnation y a depuis longtemps succédé au développement. Depuis plusieurs milliers d'années, la Chine est restée quasiment immobile. Il nous apparaît comme le représentant fossilisé d'un système antique, physiquement actif mais mentalement inerte, dont l'organisation est rigidement fixée, et qui ne doit être perturbé que si l'empire lui-même est mis en pièces.

XI
GUERRE ET CIVILISATION

Bien avant que la deuxième phase de l'évolution de l'homme ne soit achevée, la troisième phase avait commencé, celle du conflit de l'homme à l'homme. Une fois le règne animal soumis et la nature devenue l'amie et la servante de l'homme, la race humaine s'est accrue et multipliée jusqu'à ce que les frontières des communautés se rencontrent et que des relations hostiles naissent entre elles. Une lutte pour la place commença, une lutte pour la domination, une lutte féroce et incessante pour la suprématie, et pendant des siècles les hommes serrèrent les bras dans une lutte terrible et impitoyable, dans laquelle les faibles et les incompétents se dirigeaient régulièrement vers le mur, les forts, les audacieux et les autres. l'agressivité a accédé au pouvoir et au contrôle.

C'était l'acte final du grand drame de la « sélection naturelle », qui s'était joué sur la scène terrestre depuis la première apparition des formes vivantes ; le dernier et le plus impitoyable de tous, car la cause motrice n'était plus simplement la pression pour une part de la nourriture, mais à cela s'ajoutaient la soif de pouvoir et de place, la soif de richesse et de domination, l'appétit insatiable de contrôle autocratique. Des millions et des millions d'hommes furent balayés par l'épée et par les démons qui l'accompagnaient, la famine et la peste ; et pourtant, les plus forts et les plus capables montaient au sommet, les plus faibles et les inférieurs succombaient ; et l'évolution intellectuelle de l'homme s'est poursuivie avec une rapidité accrue à mesure que la moisson de l'épée était récoltée et que les moissonneurs impitoyables des hommes balayaient la terre en colonnes successives, chacune d'un stade supérieur en capacité mentale au précédent.

Cette phase de l'évolution humaine est celle de l'ère de l'histoire humaine. Avant son avènement, l'homme n'avait pas d'histoire. Il serait aussi utile de tenter de retracer l'histoire du gorille que celle de l'homme aux premiers stades de son progrès. L'histoire est le témoignage de l'individualité et, dans les temps primitifs, l'égalité et le communisme prévalaient, et l'individu ne s'était pas encore séparé de la masse. L'homme s'était installé dans la morne inertie d'une mare stagnante, et les vents violents de la guerre étaient nécessaires pour briser sa paresse mentale et inciter la pensée à une activité saine. Il doit y avoir des dirigeants avant qu'il y ait une histoire ; les annales de l'humanité commencent par le culte des héros ; les relations entre supérieur et inférieur doivent être établies ; et l'action individuelle et la suprématie sont les fondements sur lesquels toute l'histoire est construite. Ce n'est qu'en semant le profond bassin de la vie humaine dans une agitation et une agitation bouillonnantes que la tendance à la stagnation pourrait être surmontée, les meilleurs et les plus aspirants s'élevant au sommet, les ennuyeux et lourds s'enfonçant vers le bas, et l'élément de pensée imprégnant l'ensemble. avec son esprit vitalisant.

Lorsque cette phase d'évolution est atteinte, nous cessons pour la première fois de nous occuper des espèces et des genres dans la masse et commençons à nous occuper des individus, qui émergent maintenant du groupe général et se dressent au-dessus et à l'écart comme de grands poteaux de signalisation sur l'autoroute de l'humanité. progrès. Ces héros ne sont pas seuls ceux de l'épée. Ils sont les leaders en art, en littérature, en science, en pensée, dans tous les domaines ; les hommes qui se tiennent au-dessus, suprêmes et brillants, et vers l'élévation desquels toute la masse en bas s'élève lentement mais vigoureusement vers le haut. La troisième phase de l'évolution humaine est donc celle de l'émergence de l'individu en tant que leader, législateur, enseignant de l'humanité, chaque leader formant un objectif pour l'émulation de tous ceux d'en bas. Et cette condition est le résultat légitime de la guerre qui, aussi terrible qu'elle ait toujours été, était le seul moyen capable de briser rapidement la stagnation du communisme primitif et de propulser l'homme dans un tourbillon vers les sommets de la civilisation.

Donner l'histoire de cette phase de l'évolution reviendrait à donner l'histoire de l'humanité, et ce serait en dehors du but de cet ouvrage. Tout ce qu'il faut tenter, à l'appui de notre argument, est de présenter quelques déductions générales de l'histoire humaine, indiquant les principales caractéristiques du service que l'homme a reçu de la guerre.

Le conflit entre les hommes était au début vague et sans conséquence. Ce n'est qu'après la formation de communautés établies et organisées, fondées à l'origine sur les relations familiales et maintenues ensemble par la possession de biens communs, que la guerre devint plus efficace dans ses résultats. Les principaux résultats, dans les premiers temps, furent au nombre de deux : la rupture de l'ancienne égalité de pouvoir et de possession, et le développement de communautés plus grandes et plus puissantes. Le chef de la communauté villageoise, ou du clan des éleveurs, possédait une certaine autorité déléguée mais aucune suprématie politique sur ses semblables. L'égalité existe aussi bien en théorie qu'en fait. La bataille entre clans voisins fut la première étape vers une rupture. Le clan vaincu devenait subordonné au clan victorieux, et le chef des vainqueurs, en tant que représentant de son clan, exerçait sur la communauté soumise une autorité qu'il ne possédait pas chez lui. Le degré de subordination différait de la forme légère de paiement d'un tribut à celui de l'esclavage personnel. Mais dans les deux cas, nous voyons disparaître l'ancienne condition d'égalité, et celle des distinctions de classe et de la relation entre supérieur et inférieur apparaître, tandis que le pouvoir du chef passe d'une autorité déléguée à une suprématie établie.

Le deuxième résultat de cette première phase de guerre fut une augmentation de la taille des groupes politiques. Les vaincus étaient obligés d'aider les conquérants dans la guerre comme dans la paix ; les clans se sont unis pour résister à l'agression ; les communautés mineures se sont transformées en tribus organisées ; les tribus se sont développées en nations à la suite d'opérations guerrières. Cette croissance de l'organisation politique était un résultat nécessaire et inévitable de la poursuite de la guerre. Les agresseurs ont rassemblé toutes leurs forces. Les peuples assaillis firent de même. Les alliances temporaires se sont transformées en alliances permanentes. Des armées plus importantes ont été formées, des communautés plus importantes ont été organisées, le développement national a progressé à un rythme décuplé, probablement centuplé, plus rapidement qu'il ne l'aurait fait si des conditions pacifiques avaient persisté.

Parallèlement à la consolidation tribale et nationale s'est accompagnée une croissance du leadership. Le chef devint un chef de guerre, le chef de guerre un roi. Le succès a fait de lui un héros pour son peuple. Il est devenu le seigneur des tribus conquises ; entre ses mains tomba la majeure partie du butin ; le rapport d'égalité des possessions s'évanouit à mesure que le butin pris par l'armée était inégalement réparti entre les vainqueurs. Au-dessous du chef principal se trouvaient ses partisans les plus compétents, chacun réclamant et recevant une part proportionnelle dans la nouvelle division du pouvoir et de la richesse. En bref, lorsque l'ère de la guerre fut pleinement inaugurée, les anciennes relations sociales et politiques de l'humanité furent rompues avec une grande rapidité ; l'égalité du pouvoir a été remplacée par l'inégalité, qui s'est progressivement déclarée de plus en plus ; l'égalité des richesses disparut de la même manière ; dans toutes les directions, l'individu émergeait de la masse, les distinctions de classes devenaient complexes et les relations entre riches et pauvres, entre roi, noble, citoyen et esclave, remplaçaient complètement l'ancienne organisation communautaire de l'humanité.

La guerre a été le principal agent de cette évolution. Il aurait pu émerger lentement et en paix ; elle s'est produite avec une rapidité presque surprenante en temps de guerre et a atteint un degré de puissance d'une part et de subordination de l'autre qui n'aurait guère pu apparaître si les conditions de paix avaient prévalu. Cette croissance des grandes nations s'accompagna d'un développement rapide de la science politique, des institutions juridiques et des relations sociales. Un progrès énorme a été réalisé, en une période limitée, dans la civilisation humaine ; en conséquence, non pas de la dévastation et du massacre de la guerre, mais de son influence sur l'organisation humaine.

C'était le principe de récompense des capacités auquel les dirigeants des hommes devaient leur suprématie. Lorsque les nations furent organisées, ce même principe prit une autre forme, très utile. La répartition des richesses était devenue extrêmement inégale. Il y avait une infinité de degrés de distinction entre les plus riches et les plus pauvres. Les riches étaient prêts à dépenser leur argent en échange d'articles de plaisir et de luxe. Les pauvres, dans leur soif de part de la richesse, étaient fortement incités à une activité inventive en produisant des produits nouveaux et désirables. Les inégalités sont devenues le moteur de l'activité économique ; la réflexion et l'ingéniosité inventive ont été fortement exercées ; des progrès rapides se produisirent dans la production de nouveaux appareils, de nouvelles méthodes et de nouveaux articles de nécessité et de luxe ; l'industrie prospéra, le commerce s'accrut, la civilisation apparut, le tout comme le résultat légitime des conditions créées par la guerre.

Cette phase de l'évolution humaine, comme on peut le constater, était radicalement différente de celle déjà considérée, résultant du développement de l'influence sacerdotale et du pouvoir sacerdotal. Ils ont travaillé ensemble, sans aucun doute. L'établissement des grands empires primitifs, en tant que processus pacifique, fut grandement compliqué par la guerre, qui tendait progressivement à accroître le pouvoir temporel du dirigeant et à lui permettre, à terme, de contrôler par le seul glaive. Mais il est intéressant de constater que longtemps après que l'ancien système ait été pratiquement renversé, son ombre pesait encore sur les nations. Les puissants monarques de guerre d'Assyrie menèrent leurs armées à la conquête au nom de la divinité nationale, dont ils prétendaient être les vice-gérants. Les empereurs autocratiques de Rome sont allés jusqu'à prétendre dans certains cas être eux-mêmes des dieux. Même dans la Russie moderne, une partie de cette dignité appartient à l'empereur, en tant que chef suprême de l'Église nationale. Les vieilles idées sont proverbialement difficiles à tuer.

Mais la mission du sacerdoce ne s'arrête pas là. Les prêtres ont acquis de l'influence en tant qu'enseignants et dirigeants du peuple. Les membres de cette classe, écartés des occupations manuelles et consacrés à la réflexion sur les relations de l'homme avec le divin, jouèrent un rôle important dans le développement de l'esprit humain. En raison de leur activité de pensée spéculative, les anciens systèmes religieux sont tombés au second plan ; le simple culte des temps primitifs était éclipsé par des systèmes mythologiques complexes, splendides dans leur culte et leur croyance ; des cosmogonies et des philosophies furent inventées ; et la pensée humaine, une fois complètement libérée dans ce domaine, continua son chemin avec une grande énergie et une ferveur imaginative.

La littérature est née de cette activité de pensée. Elle prit d'abord la forme d'hymnes, d'essais spéculatifs, de formules magiques, de dogmes, d'ordonnances de culte, etc. Peu à peu, sa forme devint plus laïque, jusqu'à ce qu'à la fin la littérature laïque apparaisse. Cela a été grandement stimulé par les conditions d'inégalité résultant de la guerre. De la même manière que la récompense du mérite en matière d'invention stimulait les hommes à l'activité dans les arts mécaniques, de même l'espoir d'une récompense pour la production littéraire incitait les hommes à composer des poèmes, des histoires et d'autres œuvres de pensée. Dans les deux sens, physique et mental, les hommes étaient stimulés aux efforts les plus actifs par les conditions d'inégalité de richesse et de pouvoir, et par le désir qui en résultait d'obtenir une part de l'argent prodigué par les riches et l'autorité prodiguée de la même manière par les puissants.

Le point de vue général adopté ici doit suffire à notre examen de cette phase de l'évolution humaine. Il rapproche l'histoire du développement de l'homme du stade actuel des organisations et des relations politiques et sociales. On peut dire, en conclusion de cette section de notre ouvrage, que la puissante agence de guerre, si active et si importante dans le passé, a en grande partie perdu son utilité dans le présent, et qu'elle a tout intérêt à disparaître avant le monde est beaucoup plus vieux. Il n'est plus nécessaire, presque tout ce qu'il est capable de faire pour l'humanité est accompli, tandis que les agences tout aussi puissantes du commerce, des voyages, des ligues des nations et d'autres conditions d'origine moderne ont pris sa place.

La guerre, tout en produisant de nombreux résultats utiles, en a donné naissance à d'autres dont l'utilité est discutable et dont il faudra beaucoup de temps et d'efforts pour écarter les effets néfastes. L'inégalité du pouvoir à laquelle la guerre a donné naissance persiste dans de nombreuses régions du monde, et l'inégalité des richesses montre des signes d'augmentation au lieu de diminution. Autrefois utiles, ils se sont développés jusqu'à devenir nuisibles. Il en résulte un état d'agitation, de mécontentement et d'opposition plus ou moins active, qui constitue une condition de conflit permanent, un profond mécontentement à l'égard des institutions existantes, anormales pour une société justement organisée. La guerre est devenue dans une large mesure inutile ; mais l'échafaudage à partir duquel il a construit l'édifice de la civilisation demeure et se présente comme une ruine chancelante menaçant d'engloutir l'humanité dans sa chute.

Depuis le triomphe de l'autocratie dans l'empire romain, les masses humaines n'ont cessé de protester contre une inégalité étrangère aux droits naturels de l'homme. Pendant des siècles, la lutte contre l'exercice abusif du pouvoir s'est poursuivie et les seigneurs héréditaires de l'humanité ont perdu, étape après étape, leur pouvoir usurpé, jusqu'à ce que, dans la république moderne, ils soient remplacés par les serviteurs et les agents choisis du peuple. . Mais l'autocratie de la richesse tient toujours bon, elle devient de plus en plus redoutable, et contre elle s'élève maintenant une vague d'opposition. Partout, l'homme exige avec ferveur et fermeté une répartition équitable des productions de la nature et de l'art. Il est impossible de dire quel sera le résultat de cette revendication. Cela doit inévitablement conduire à un certain réajustement de la richesse de l'humanité ; mais seul le lent processus de l'évolution sociale peut décider de ce que cela sera.

Nous nous sommes efforcés dans ce bref traité de retracer le développement de l'homme depuis son état primitif d'animal vivant dans les arbres dans les profondeurs des bois tropicaux, à travers les phases de sa condition ultérieure d'habitant dressé de la surface, son conflit avec lui et sa domination sur lui. le règne animal, sa lutte ultérieure contre les puissances adverses de la nature, et sa guerre finale avec ses semblables et son émergence dans la civilisation. Chacun de ces concours a laissé ses résultats ; le premier chez les nomades forestiers des tropiques orientaux, le second chez les tribus patriarcales de pasteurs des steppes et des déserts, les communautés villageoises de Russie et de l'empire paternel de Chine, le troisième chez les nations éclairées d'Europe et d'Amérique.

Il est impossible de dire combien de temps a duré ce puissant drame de l'évolution. Sa première phase a dû être d'une lenteur interminable ; la seconde, bien que plus rapide, mais toujours très délibérée ; son troisième, d'une rapidité bien plus grande, mais s'étendant sur plusieurs milliers d'années. Des millions d'années se sont probablement écoulées depuis son début, mais la période impliquée n'est pas trop longue pour l'ampleur des résultats, dont la grandeur peut être vue si l'on compare le développement mental de l'homme avec celui des animaux inférieurs au cours de cette période. Physiquement, le développement de l'homme a été négligeable – apparemment bien moindre que celui de nombreux autres animaux. Mentalement, ça a été énorme. L'ensemble des influences de la nature, dans des situations nouvelles et souvent adverses, ont été exercées sur l'esprit de l'homme et, en conséquence, nous avons civilisé l'homme par opposition au singe anthropoïde. Et la fin n'est pas encore là. L'ère de la guerre dans le développement de l'humanité touche à sa fin et une nouvelle ère de paix, dans des conditions d'activité mentale et physique avancée, semble sur le point de commencer. Son résultat, personne ne peut en prédire l'issue, mais il peut surpasser de loin, en termes de résultats bénéfiques, tout ce qui a précédé, et élever l'homme vers un plan mental extraordinairement élevé.

XII
L'ÉVOLUTION DE LA MORALITÉ

L'évolution de l'homme à partir de son ascendance animale a été un phénomène composite, qui ne se limite en aucun cas aux conditions physiques et intellectuelles que nous avons considérées jusqu'à présent, mais qui embrasse également les caractéristiques du progrès moral et spirituel. L'origine et la croissance de ces phénomènes doivent également être revues si nous voulons présenter une esquisse complète de l'évolution humaine. En ce qui concerne sa forme physique, l'homme est devenu pratiquement achevé il y a des siècles, en tant qu'effort suprême de la nature pour modeler et vitaliser la matière. Lorsque l'arène de la lutte pour l'existence fut transférée du corps à l'esprit, la variation du corps, autrefois si active, déclina rapidement ; et avec le plein emploi de l'intellect dans le conflit avec la nature, l'évolution physique cessa, sauf dans des détails mineurs, et la structure organique de l'homme devint pratiquement fixe. L'animal humain, en tant qu'espèce physique, a donc atteint un stade de permanence. Et cela peut être considéré comme le résultat suprême de l'évolution matérielle chez les animaux ; ou du moins on peut affirmer que, tant que l'homme continue d'exister, aucun membre des tribus animales inférieures ne peut se développer pour devenir son rival.

Mais bien que l'homme ne soit pas nettement distinct en tant qu'espèce physique de son ancêtre anthropoïde, le processus d'évolution n'a pas cessé, mais s'est poursuivi en lui rapidement et énormément. La tension a simplement été transférée du corps à l'esprit, et dans la mesure où les caractéristiques mentales sont plus flexibles et cèdent plus facilement aux influences formatrices, l'esprit a surpassé le corps en termes de rapidité de variation évolutive. Au cours d'une période pendant laquelle les animaux inférieurs sont restés presque inchangés, l'état mental de l'homme a énormément varié et, aujourd'hui, il peut être considéré non seulement comme une espèce distincte, mais pratiquement comme un nouvel ordre ou une nouvelle classe d'animaux. aussi éloignés intellectuellement des mammifères situés au-dessous de lui que des insectes ou des mollusques.

Si nous passons maintenant du stade physique et intellectuel au stade éthique du développement, ce sera pour percevoir comme marqué et décidé un processus d'évolution. Le changement a peut-être été encore plus grand, puisque chez les animaux inférieurs les facultés morales sont plus rudimentaires que les facultés intellectuelles. Mais, d'un autre côté, le développement moral de l'homme a été bien inférieur au développement intellectuel. Par conséquent, bien que les fondations fussent plus basses, l'édifice n'a pas atteint une aussi grande hauteur, et l'élévation morale de l'homme aujourd'hui est considérablement inférieure à son niveau intellectuel.

On avait autrefois l'habitude de considérer l'homme comme le seul animal intellectuel et moral, les formes inférieures étant créditées uniquement d'instincts héréditaires. Cette croyance n'est plus partagée par ceux qui connaissent les résultats de la recherche moderne. Des preuves de pouvoirs incontestables de pensée ont été retrouvées chez les animaux inférieurs, l'imagination et la raison étant également indiquées. L'éléphant, par exemple, est évidemment un animal pensant, capable de surmonter les difficultés et de s'adapter à des situations nouvelles, en utilisant des méthodes qui ne sont pas sans rappeler celles que l'homme lui-même pourrait utiliser dans des circonstances similaires. Sa gratitude pour les faveurs, le souvenir et la vengeance des blessures sont des preuves de sa possession des attributs moraux. Les exemples enregistrés de démonstrations de raison chez le chien, compagnon constant de l'homme, sont innombrables. Les attributs intellectuels sont encore plus prononcés chez la tribu des singes, comme indiqué dans un chapitre précédent, où il a été soutenu que l'homme a commencé son développement intellectuel à un stade quelque peu avancé.

On ne peut pas en dire autant de son évolution morale. A cet égard, le niveau d'où l'homme est sorti était bien inférieur. Si sa croissance morale peut être symbolisée par un grand arbre, il s'agit d'un arbre qui n'est pas très profondément enraciné dans le monde en dessous de lui. Pourtant, il est sans doute né du sol de la vie animale, et ses vrilles et fibres les plus fines peuvent être retrouvées à une profondeur considérable dans ce sol fertile.

Avant d'aborder ce sujet, il est important de consacrer une certaine attention aux caractéristiques des attributs moraux, au sujet desquels les opinions sont très diverses. Les théories sur les principes de l'éthique ont été abondantes, les penseurs se divisant en deux groupes largement séparés. Dans l'école intuitive, les principes de la moralité sont considérés comme inhérents à l'âme de l'homme, se développant à mesure que la plante se développe à partir de sa graine. Dans l'autre école, la moralité inductive, on prétend qu'elle est fondée sur l'égoïsme, le principe moteur des actions humaines étant le désir d'éviter la douleur et d'atteindre le plaisir. Chaque école avance un argument fort, qui va loin pour indiquer que chacune est basée sur une vérité, et donc qu'aucune des deux ne possède la vérité entière.

La faute semble en être la tentative de faire de la morale une unité. À notre avis, cette unité n'existe pas. Même si les deux écoles ont peut-être en partie raison, aucune ne semble avoir tout à fait raison, et elles semblent tirer aux deux extrémités d'une même chaîne. En bref, l'éthique peut être considérée comme composée de moitiés différentes, qui s'unissent de manière centrale pour former un tout. Il peut être utile de réconcilier les systèmes contradictoires des théoriciens si l'on considère que la moitié inductive de l'éthique est le produit des facultés de raisonnement et de l'expérience extérieure, la moitié intuitive, le produit du sentiment et du développement intérieur ; tandis que les deux se rencontrent et s'harmonisent dans la vie comme la raison et les sentiments s'harmonisent dans l'esprit.

Il est intéressant de constater que c'est l'élément intuitif, et non inductif, des attributs moraux que nous trouvons principalement développé chez les animaux inférieurs. C'est le résultat de l'instinct et non de la pensée ; le développement de ce principe d'attraction qui se manifeste dans toute la nature et qui, lorsqu'il est associé à la conscience, devient ce que nous appelons amour, affection ou sympathie. C'est une force puissante et omniprésente dans toute matière, intelligente et inintelligente, et chez les êtres conscients, elle fait naturellement partie des émotions. Comme toutes les passions, elle est d'origine instinctive, bien qu'elle puisse passer sous le contrôle de l'intellect à mesure que l'esprit se développe. Dans le monde animal inférieur, elle se manifeste par une attraction vigoureuse, la sexuelle. Chez les animaux supérieurs, cette attraction s'étend et devient complexe. L'attirance entre les sexes devient amour et, dans son plein épanouissement, elle peut unir deux individus pour la vie et influencer la plupart de leurs actions. A l'attraction entre les sexes, il faut ajouter celle entre parents et enfants, parentale et filiale, et celle entre associés, tribale ou sociale, cette dernière, bien que plus faible, de même caractère.

Avec ces liens, la raison n'a rien à voir. Elle ne les forme pas et chercherait en vain à les rompre. Ils appartiennent à une partie de la constitution mentale qui se situe en dehors du royaume de la pensée et, par conséquent, ils agissent souvent à l'encontre de la considération égoïste de la sécurité personnelle. Le lien amoureux, en effet, dans toute sa force, semble constituer une perte partielle de l'individualité. Les conjoints souffriront et subiront des blessures physiques l'un pour l'autre ou pour leur progéniture dans une mesure aussi grande que si ceux-ci constituaient une partie d'eux-mêmes et comme si leurs actions étaient accomplies en état de légitime défense .

Avec ce bref aperçu de la philosophie des sentiments éthiques, nous pouvons procéder à un examen des faits. Tandis que la forme rudimentaire du sentiment en question se manifeste très bas dans les degrés descendants de la vie animale, elle ne s'étend jusqu'à ce que nous pouvons à juste titre appeler amour ou affection que dans les formes supérieures. Romanes, dans son "Intelligence animale", remarque : "En ce qui concerne les émotions, c'est chez les oiseaux que l'on rencontre pour la première fois une avancée notable dans les sentiments les plus tendres d'affection et de sympathie. Ceux relatifs aux sexes et au soin de la progéniture sont dans cette catégorie. classe proverbiale pour son intensité, offrant, en fait, un type préféré du poète et du moraliste. Le désir de l'« oiseau d'amour » pour son compagnon absent et la vive détresse d'une poule en perdant ses poules, fournissent d'abondantes preuves de des sentiments vifs du genre en question. Même l'autruche à l'air stupide a le courage de mourir par amour, comme ce fut le cas d'un mâle de la Rotonde du Jardin des Plantes, qui, ayant perdu sa compagne, s'est rapidement éteint .

les animaux sociaux et communautaires, le sentiment de sympathie s'étend jusqu'à embrasser tous les membres de la tribu, caractéristique qui se manifeste très fortement dans un organisme aussi bas que la fourmi. Comme exemple de ce sentiment chez les oiseaux, Romanes cite une intéressante illustration d'Edward, le naturaliste. Ce dernier avait tiré et blessé une sterne, mais avant de pouvoir l'atteindre, l'oiseau sans défense fut emporté par ses compagnons. Deux d'entre eux le saisirent par les ailes et volèrent avec lui à plusieurs mètres au-dessus de l'eau. Ils abandonnèrent ensuite leur fardeau à deux autres, et le processus continua ainsi jusqu'à ce qu'ils atteignirent enfin un rocher à quelque distance. Lorsque le chasseur, avide de sa proie, les poursuivit, les oiseaux sympathiques reprirent leur compagnon blessé et s'envolèrent de nouveau avec lui au-dessus de l'eau.

De nombreux exemples de ce sentiment d'affection sociale pourraient être cités chez les mammifères . Elle n'est en aucun cas limitée aux membres d'une espèce, mais peut s'étendre à des espèces très différentes. Nul n'a besoin de parler de l'affection chaleureuse si souvent manifestée par le chien pour son maître, un amour qui le portera à oser les blessures ou la mort à son service, ou dans la protection de ses biens. Ce sentiment altruiste existe fortement chez les singes. Des exemples du sentiment ardent de ces animaux pour leurs semblables ont été donnés dans un chapitre précédent, et bien d'autres pourraient être cités, si nécessaire. Il suffira ici de citer un seul autre exemple cité par Romanès et relatif à un petit singe tombé malade à bord d'un navire, où il y en avait plusieurs autres d'espèces différentes.

"Il a toujours été un favori des autres singes, qui semblaient le considérer comme le dernier-né et l'animal de compagnie de la famille; et ils lui accordaient de nombreuses indulgences qu'ils s'accordaient rarement les uns aux autres. Il était très docile et doux dans son comportement. caractère, et ne profitèrent jamais de la partialité qu'on lui montrait. Dès qu'il tomba malade, leur attention et leurs soins redoublèrent ; et il était vraiment touchant et intéressant de voir avec quelle anxiété et avec quelle tendresse ils soignaient et soignaient la petite créature. Il s'ensuivait souvent une lutte entre eux pour la priorité dans ces offices d'affection, et les uns volaient telle chose et telle autre, qu'ils y apportaient sans y avoir goûté, si tentante que cela pût être pour leur propre palais. leurs pattes avant, le serrent contre leur sein et pleurent dessus comme le ferait une mère affectueuse sur son enfant souffrant. »

Chez la race humaine, le sentiment amoureux ne manifeste généralement pas la singularité de l'énergie que l'on retrouve chez les animaux inférieurs. Son développement est affecté et souvent freiné par une série complexe d'influences qui agissent aussi bien sur l'homme sauvage que sur l'homme civilisé. La famille formait le groupe humain primitif, ses éléments de liaison étant l'attirance sexuelle entre l'homme et la femme et l'affection fervente entre parents et enfants. Ces sentiments, bien que forts dans certaines directions, étaient bruts et inégaux. Dans les tribus sauvages, la femme est aujourd'hui une corvée maltraitée. Pourtant, le mari protégera sa femme et ses enfants du danger, au péril de sa vie. L'instinct maternel semble encore plus fort. La mère agit souvent comme si l'enfant faisait réellement partie d'elle-même. Le danger ou la blessure produit en elle une agonie mentale, l'équivalent proche de sa peur ou de sa douleur, et elle supportera la souffrance et le péril pour sa protection avec une impulsion échappant au contrôle de la raison.

Ce sentiment, sous une forme affaiblie, s'étendait de la famille au groupe ; et le succès de l'homme dans la conquête de la maîtrise sur les autres animaux a sans doute été grandement facilité par le fort lien d'affinité sociale existant entre les membres d'un groupe. Ils travaillaient ensemble plus pleinement que n'importe quel autre animal, à l'exception des fourmis et des abeilles.

À partir du groupe social originel, une autre communauté, plus étroite, semble s'être progressivement développée, le groupe des parents. Il s'agissait là d'une excroissance naturelle de la famille, dont le lien d'affection s'est étendu à des parents plus éloignés, jusqu'à ce qu'apparaisse le groupe organisé de parenté connu sous le nom de « Communauté villageoise », qui semble partout avoir précédé la civilisation. Ce lien de parenté s'étendit peu à peu, rassemblant les hommes en groupes de plus en plus larges, jusqu'à l'émergence du clan, de la horde et de la tribu, leurs membres tous liés entre eux par la réalité ou la fiction de l'ascendance commune. Telle était la forme d'organisation qui existait en Grèce et à Rome à leurs débuts, et dont l'influence se fit sentir très loin dans leur histoire ultérieure. Il existait en effet, à une certaine époque, sur presque toute la terre.

À mesure que le groupe s'élargissait, les liens de sympathie s'affaiblissaient. L'amour dans la famille trouvait sa contrepartie dans la camaraderie dans la tribu, dans le patriotisme dans la nation. Il est sans aucun doute vrai que le désir de protection personnelle est l'une des fortes influences qui lient les hommes dans les sociétés. L'espoir d'un avantage dans d'autres directions et le plaisir des relations sociales sont d'autres forces combinées. Pourtant, au-dessous de ces éléments rationnels a toujours résidé l'élément émotionnel, l'attraction sympathique qui lie étroitement les parents et qui exerce un certain degré d'influence sur tous les membres d'un même groupe ou d'une même nation.

Le développement du principe éthique dans l'humanité est dû en grande partie à l'extension du sentiment de sympathie sociale. Pendant des siècles, cela a été confiné au groupe immédiat. Tel était le cas même dans la Grèce civilisée, un des peuples les plus avancés intellectuellement, mais moralement très contracté. Les Grecs furent longtemps divisés en groupes mineurs, le sentiment de patriotisme le plus chaleureux unissant les membres de chaque communauté, tandis que leur origine commune unissait tous les Hellènes entre eux. Mais ce sentiment ne parvint pas à franchir les frontières de l'étroite péninsule grecque, tous les peuples au-delà de ces frontières étant considérés comme des barbares, dont les plaisirs et les douleurs ne s'intéressaient pas, et dont les malheurs ne provoquaient aucun mouvement de sympathie dans le cœur grec. Même Aristote enseignait que les Grecs n'avaient pas plus de devoirs envers les barbares que envers les bêtes sauvages, et un philosophe qui déclarait que son affection s'étendait à l'ensemble du peuple grec était considéré comme remarquablement sympathique.

Les Romains étaient tout aussi étroits à leurs débuts, et ce n'est que lorsque l'empire s'étendit jusqu'aux frontières extérieures du monde civilisé que cette étroitesse céda la place à une sympathie plus étendue. La fraternité de l'humanité, en effet, a été enseignée par Socrate, Cicéron et d'autres philosophes moraux anciens, mais ces graines de philosophie sont tombées dans un sol très stérile et ont pris racine avec une lenteur décourageante . Des philosophes ont enseigné ailleurs le dogme de l'amour universel, Confucius chez les Chinois, Gautama chez les Hindous , mais leurs enseignements ont porté peu de fruits chez les grands peuples stagnants de l'Asie, chez qui prévaut l'étroitesse de la semi-civilisation .

Les enseignements du Christ, dont le code moral était intuitif : « Aimez-vous les uns les autres », ont été bien plus efficaces. Le christianisme est devenu la religion de l'Europe, depuis lors la région la plus progressiste du monde, et à chaque progrès de la civilisation, la doctrine du Christ sur la charité et la sympathie a atteint un stade plus élevé et plus large. Aujourd'hui, il a atteint, en Europe et en Amérique, un large degré de développement, et la vaste extension des relations humaines par les moyens de voyage, de commerce et de communication télégraphique commence, pour la première fois dans l'histoire de l'humanité, à élever le niveau de la société. doctrine de la fraternité universelle des hommes du plan d'un dogme philosophique vers celui d'un fait établi. L'éventail de la sympathie est pourtant étroit, l'égoïsme prédomine, les véritables altruistes sont rares, les faibles sympathiques et froidement égoïstes sont nombreux ; pourtant, il faut admettre qu'il y a eu un grand développement de l'altruisme au cours du XIXe siècle, et que la promesse de la venue du royaume du Christ sur la terre est plus grande aujourd'hui qu'à aucune période antérieure de l'histoire de l'humanité.

Le principe de l'amour est l'élément moral inné de l'univers. Sa forme rudimentaire est l'attraction entre atomes, qui se transforme en attraction entre sphères. Nous en voyons un développement dans les attractions magnétiques et électriques, et un développement plus élevé dans l'attraction sexuelle qui existe dans les organismes les plus inférieurs. Son expansion se poursuit jusqu'à atteindre le niveau élevé de l'amour humain et de la sympathie sociale. Mais tout au long de son développement, la conscience ne participe pas à son origine. Bien que nous soyons conscients de son existence, nous ne l'invoquons pas consciemment à l'existence. Les hommes et les femmes « tombent amoureux » ; ils ne se raisonnent pas en affection. Ceux que nous aimons deviennent dans une certaine mesure une partie de nous-mêmes, nous ressentons leurs souffrances et supportons leurs afflictions, non par les nerfs du corps, mais par les nerfs les plus subtils de l'esprit, un plexus de nerfs spirituels qui s'étendent invisiblement de l'âme à l' esprit . âme. Cette affinité sympathique est si forte que Comte fut amené à considérer l'humanité comme un organisme, et elle donna naissance dans l'esprit de Leslie Stephens à la conception d'un « tissu social » commun.

L'amour et la loi gouvernent l'univers. C'est ce deuxième élément moral, celui du droit, qu'il nous faut ensuite considérer. La morale inductive trouve son origine dans l'expérience ; cela a pris la forme d'une restriction sociale, puis d'une loi et d'un précepte fixes, et a culminé dans le sens du devoir – un évitement consciencieux de ce qui était considéré comme mal et un désir sincère de faire ce qui était considéré comme juste.

L'histoire de cette phase de la morale diffère essentiellement de celle de la phase que nous venons de considérer. Le sens du devoir, le sentiment de conscience, si fortement développés chez l'homme, semblent en grande partie inexistants chez les animaux inférieurs, autant que l'observation nous l'a appris. Pourtant il ne manque pas tout à fait, son rudiment est là, et ce rudiment est susceptible de se développer. Il se peut, en effet, qu'il existe chez les fourmis et les abeilles un sens du devoir très développé, à en juger par leurs travaux diligents pour le bénéfice de la communauté. Mais les exemples les plus clairs d'accomplissement consciencieux du devoir sont ceux du chien, chez lequel l'association intime de l'animal avec l'homme a développé quelque chose qui se rapproche fortement d'une conscience. Un chien a seulement besoin d'être bien traité pour afficher un sentiment de dignité et un respect de soi analogue à ces sentiments chez l'homme. Un ressentiment sensible contre l'injustice chez les chiens de haute caste et soigneusement élevés a souvent été observé ; tandis que la honte pour un acte que l'animal sait être interdit a été vue dans une centaine de cas. Le sens du devoir est parfois très fortement développé. De nombreux exemples frappants en sont connus. Un chien défendra souvent la propriété de son maître avec le plus grand dévouement, ne laissant aucune tentation l'éloigner du chemin du devoir.

On a rapporté à l'écrivain un exemple dans lequel une manifestation extraordinaire de ce sentiment s'est produite. Un monsieur, en rentrant chez lui le soir, s'aperçut qu'il avait oublié sa clé et tenta d'entrer dans la maison par la fenêtre d'une pièce dans laquelle son chien était de garde de nuit. À sa grande surprise et à son grand mécontentement , l'animal ne lui permettait pas d'entrer et l'attaquait à chaque fois qu'il essayait de grimper. L'animal le connaissait bien, répondait à ses tentatives de le caresser, mais au moment où il tentait d'entrer par la fenêtre elle devint hostile et parut prête à fondre sur lui. Dans son petit cerveau régnait le sentiment que personne, maître ou étranger, n'avait le droit d'entrer la nuit dans cette maison par la fenêtre, et qu'elle était là pour accomplir son devoir sans égard aux personnes. Finalement, le monsieur a été obligé de partir et de chercher refuge ailleurs.

Le développement du sens du devoir et la croissance des restrictions morales chez l'homme primitif furent probablement très lents, bien plus que l'évolution de l'intelligence. L'habitude sociale de l'homme a sans doute rendu nécessaire, à une époque précoce, certaines restrictions sur les actions des individus, et celles-ci ont acquis avec le temps la force d'une loi non écrite ; mais beaucoup d'entre elles ne constituaient guère ce que nous pourrions appeler des obligations morales. De nombreuses restrictions de ce genre existent aujourd'hui parmi les tribus sauvages, et c'est vers celles-ci que nous devons nous tourner pour trouver des exemples de leur caractère. Nous, par exemple, considérons le vol et le mensonge comme des pratiques immorales, mais ce n'est pas le cas des sauvages en général, dont la plupart voleront si l'occasion s'en présente, alors qu'ils mentiront d'une manière si transparente et si inutile qu'ils indiqueront qu'ils ne le sont pas. ne vois rien de mal à cette pratique. Et pourtant, les aborigènes de l'Inde, dont beaucoup sont très immoraux selon nos critères, sont souvent fortement opposés au mensonge. "Un vrai Gond", dit M. Grant, "commettra un meurtre, mais il ne mentira pas." Il est bien connu que la véracité était l'une des principales vertus des anciens Perses, vertu qui s'accompagnait de nombreuses choses que nous qualifierions d'immorales. Le dévot hindou est extrêmement tendre envers la vie des animaux, alors qu'il est souvent insensible à la souffrance humaine. En effet, le mépris de la souffrance humaine s'est fortement manifesté à travers tous les âges passés, les hommes étant massacrés avec aussi peu de scrupules que s'ils étaient autant de bêtes sauvages, tandis que d'effroyables tortures étaient infligées avec une extraordinaire absence de sentiment humain. Et ces excès étaient commis par des personnes qui, dans les affaires ordinaires de la vie, étaient souvent tendres dans leurs sentiments et consciencieuses dans leurs actions.

En vérité, le développement moral de ce point de vue a toujours montré un caractère unilatéral qui va jusqu'à discréditer la doctrine des conceptions intuitives du bien et du mal. Tout porte à croire que les règles de conduite ne sont pas inhérentes à l'esprit humain, que les hommes deviennent moraux dans la mesure où on leur enseigne les principes de justice, et qu'ils développent des idées unilatérales sur la vertu en raison d'une éducation morale incomplète. Ce que nous appelons péché est en grande partie une question de coutume et de convention. On ne peut pas vraiment dire que les hommes pèchent lorsque leurs actions ne sont pas contrôlées par des scrupules de conscience, et ce qu'un peuple considérerait comme des cas atroces de méfaits pourrait être considéré comme innocent et même estimable par un peuple ayant un standard moral différent. La religion a beaucoup à voir avec cela. Les sacrifices humains et les fêtes cannibales des Indiens aztèques, par exemple, étaient considérés par eux comme de bonnes actions, des obligations qu'ils devaient envers leurs dieux. Pourtant, ce peuple avait acquis certaines des pratiques raffinées et des idées morales de la civilisation.

Les principes directeurs d'une conduite humaine correcte sont peu nombreux et simples. Ils ont été élaborés au début de l'histoire de la pensée humaine et peu de choses y ont été ajoutées depuis. Ils sont apparus comme le résultat de l'expérience humaine, comme principes de retenue nécessaires dans les communautés en développement, et existaient presque tous à l'époque préhistorique comme lois non écrites de l'organisation sociale. Ce que les créateurs de croyances ont fait, c'est de consigner ces anciens axiomes de moralité et de les proposer au monde sous forme de codes d'observance religieuse. Ils ne pouvaient pas être d'origine primitive, puisque la plupart d'entre eux n'existent pas parmi les tribus sauvages qui existent encore parmi nous. Rien, en effet, ne prouve qu'une quelconque idée du péché existe dans l'esprit des sauvages les plus bas, les règles de conduite qu'ils possèdent étant celles qui sont nécessaires à l'existence de la communauté la moins développée.

Parmi les différents codes de morale, le plus connu est celui que Moïse a donné aux Israélites, les fameux « Dix Commandements ». La plupart d'entre eux, comme tous ces codes, étaient évidemment d'origine légale, des règles nécessaires à l'existence d'une société civilisée, des restrictions contrôlant la conduite des hommes les uns envers les autres. Ce sont les créateurs de croyances qui ont été les premiers à donner à ces restrictions légales la force d'obligations morales et à annoncer que leur infraction serait punie par des agents divins, même si elles échappaient aux représailles humaines.

En effet, de nombreux actes blessants en sont venus à être considérés comme des crimes à la fois contre Dieu et contre l'homme, et punissables dans l'intérêt des deux. Les obligations politiques et morales se confondent ainsi ;

certains des maux du monde sont punis uniquement par des agents humains, d'autres par des agents divins, d'autres par les deux. Il faut cependant reconnaître que, tout au long du progrès de la civilisation humaine, l'influence des obligations morales a augmenté, tandis que la nécessité de lois politiques a diminué dans la même proportion. Dans les temps anciens, les sanctions pour les crimes contre la communauté étaient terriblement sévères, tandis que la religion menaçait ceux qui offensaient les puissances divines de châtiments futurs effrayants. La nécessité de restrictions aussi sévères a depuis longtemps diminué, et plus on sent avec acuité que les actes immoraux ou les pensées et objectifs avilis seront sanctionnés par une rétribution spirituelle, moins il est nécessaire de recourir à des lois et à des sanctions. Ainsi, la limitation des actions humaines par le gouvernement devient moins nécessaire que par le passé, conformément au sentiment croissant de dégradation spirituelle dans le mal et d'élévation spirituelle dans les bonnes actions. Des lois douces ont succédé aux édits sévères du passé, et dans une partie considérable de la communauté, les lois restrictives sont devenues inutiles, la conscience prenant la place de la loi. Chez de tels hommes, l'impulsion aux mauvaises actions meurt insatisfaite, et la punition pour leurs mauvaises actions peut être plus sévère que celle que la communauté leur infligerait. Dans l'âme de ces hommes se trouve un tribunal spirituel par lequel les mauvaises pensées sont jugées et punies avant qu'elles ne puissent se transformer en actes mauvais.

Cette considération du développement des principes moraux et des dogmes a été nécessairement brève. La direction dans laquelle cela mène doit être évidente pour tous, et nous pouvons avec assurance espérer un état de la société humaine dans lequel la conscience sera devenue un élément plus fort de l'intellect qu'aujourd'hui, le sens de l'obligation morale un sentiment plus prédominant. et la restriction légale est une exigence gouvernementale moins nécessaire.

De tous les ismes actuels, l'altruisme est de loin le plus noble et le plus prometteur. Chez cet adversaire de l'égoïsme, ce souci des droits et du bonheur d'autrui à égalité avec les nôtres, nous trouvons le lien qui lie ensemble les deux moitiés du principe moral. Le sentiment amoureux d'une part, le sens du devoir de l'autre, se rencontrent et se combinent dans le zèle de l'altruisme, pour lequel une conscience véritablement développée n'est qu'un autre terme. Ceux qui ont le bien des autres à cœur, qui sont véritablement chrétiens dans une réalisation pratique de la fraternité de l'humanité, peuvent être libérés en toute sécurité de toutes les rênes de la loi et avoir la confiance de faire la bonne chose par sentiment inné plutôt que par l'extérieur. compulsion. Et, confiants dans le plein développement futur du sentiment altruiste, nous pouvons espérer un moment où la loi morale existera seule, où la conscience deviendra la force de contrôle des actions

humaines et où le gouvernement lâchera le fouet qu'il a si longtemps.
menacée par le recul de l'homme.

XIII
LA RELATION DE L'HOMME AU SPIRITUEL

Le but de ce travail a été de retracer l'origine évolutive de l'homme, dans son ascension du monde animal inférieur jusqu'à sa pleine stature de monarque physique et intellectuel du royaume de la vie. Mais pour résumer l'histoire de l'évolution humaine, il semblait nécessaire de considérer l'homme du point de vue moral, et il semble maintenant tout aussi souhaitable de revoir ses relations avec l'élément spirituel de l'univers. Après avoir traité du développement de l'homme en tant qu'être mortel, nous devons maintenant le considérer comme un être potentiellement immortel.

Cette vision du domaine suprême de la nature nous élève, pour la première fois dans notre travail, définitivement au-dessus du monde inférieur de la vie. Rien ne prouve que les animaux au-dessous de l'homme aient une quelconque conception du spirituel. Il est vrai qu'il existe diverses déclarations enregistrées qui semblent indiquer chez certains animaux, le cheval et le chien, par exemple, une peur des pouvoirs invisibles, une reconnaissance de quelque élément de la nature invisible aux yeux de l'homme. Mais ce que ces faits indiquent, quelles influences affectent l'intellect rudimentaire de ces animaux dans de tels cas, personne n'est en mesure de le dire. Bien qu'une vague reconnaissance de pouvoirs ou d'existences au-delà du visible puisse surgir dans leur esprit étroit, elle ne dépasse probablement pas le niveau de l'instinct et se situe sans doute presque infiniment au-dessous de la conception humaine du spirituel. A ce stade du développement intellectuel, nous avons donc affaire à une condition qui semble appartenir uniquement à l'homme, ou qui n'a qu'une existence germinale dans le règne organique inférieur.

En fait, l'homme primitif était peut-être aussi dépourvu de la conception d'un royaume spirituel que son ancêtre anthropoïde. Les sauvages les plus bas d'aujourd'hui sont presque, sinon tout à fait, dépourvus d'une telle conception et sont dépourvus de tout ce qu'on peut raisonnablement appeler religion. Là où des idées religieuses apparentes existent parmi eux , nous ne pouvons pas être sûrs dans quelle mesure elles ont été infusées par des visiteurs civilisés, ni dans quelle mesure d'ardents missionnaires, dans leur souci de découvrir quelque trace de religion chez les sauvages, ont eux-mêmes suggéré par inadvertance les croyances qu'ils rapportent triomphalement. . Les Pygmées d'Afrique, les Négritos d'Océanique et diverses tribus aviles ailleurs, peuvent être tout à fait dépourvus de conceptions religieuses indigènes, du moins d'un degré plus élevé que celles qui poussent le cheval et le chien à craindre l'invisible. Il ne faut pas oublier que ces tribus ont été, pendant des milliers d'années, en contact avec des races plus développées et soumises à des influences éducatives, et que les conceptions religieuses grossières que certains voyageurs leur attribuent peuvent très bien être dérivées et non originales .

Les recherches dans ce domaine nous donnent certainement de nombreuses raisons de croire que l'homme primitif, sur l'esprit duquel aucune influence de l'éducation ne pouvait agir, était dépourvu de religion, et que la conception humaine de l'invisible est apparue progressivement, comme une phase importante du développement de son intellect. . Toute tentative de retracer les étapes de ce développement religieux dépasse de loin notre objectif, même si nous en étions capables. Il suffit de dire que l'homme partout, lorsqu'il émerge dans l'histoire en tant qu'être semi-civilisé, est abondamment pourvu de conceptions mythologiques et autres conceptions religieuses qui indiquent une évolution antérieure dans ce domaine de la pensée.

Depuis des siècles, le royaume de l'invisible agit sur l'esprit de l'homme ; le remplissant de crainte des puissances malveillantes et de respect pour les pouvoirs bienfaisants, l'inspirant à des actes d'adoration, peuplant ses cieux imaginaires de divinités imaginaires et donnant naissance à une extraordinaire variété de contes divins et d'idées mythologiques. La littérature sur ce sujet remplirait à elle seule une bibliothèque et est presque suffisamment abondante pour fournir des lectures pendant toute une vie. Pourtant, c'est en grande partie, sinon entièrement, idéal ; elle repose en grande partie sur des conceptions fausses et des imaginations mal orientées ; il apporte rarement des preuves, et les preuves présentées sont toujours discutables ; en bref, la recherche scientifique et la recherche critique des faits n'ont pris aucune part au développement des systèmes religieux, et un profond nuage de doute les enveloppe tous.

Notre objectif n'est en aucun cas de chercher à jeter le discrédit sur l'une des grandes religions du monde. Dire qu'ils sont le produit de l'évolution ne revient pas à les invalider. Beaucoup de choses vraies et solides sont nées de l'évolution. Dire qu'ils manquent de preuves scientifiques ne revient pas à remettre en question leur validité. De nombreux sujets abordés échappent à la portée des preuves scientifiques. Jusqu'à présent, la science s'est strictement occupée du physique ; il n'a fait presque aucun effort pour tester les affirmations du spirituel. En fait, la plus haute de ces prétentions, celle de l'existence d'une divinité, doit rester à jamais hors de sa portée. Dieu peut exister, et la science Le cherche à tâtons pendant l'éternité en vain. Les faits finis ne peuvent jamais jauger l'infini. Des preuves et des réfutations ont été proposées quant à l'existence d'une divinité infinie, mais le problème reste entier. Aucune de ces preuves ou réfutations n'est positive ; ils dépendent tous de conceptions idéales, et les idées sont toujours sujettes à caution ; les faits positifs des deux côtés de l'argumentation manquent, et seront toujours susceptibles de l'être, et la croyance en Dieu doit être fondée sur des bases autres que scientifiques.

Mais lorsque nous descendons aux niveaux inférieurs du domaine spirituel , nous nous trouvons sur un terrain plus solide. Il s'agit ici du fini, non de l'infini, et rien de ce qui est fini ne peut dépasser les limites de l'investigation, quel que soit le temps qu'il faudra pour l'atteindre. La question de l'existence des esprits, par exemple, ce problème si controversé de l'immortalité, ou du moins de l'existence future de l'homme, qui constitue un élément si important dans la religion moderne, est à la portée de la science. et il est raisonnable de tenter de résoudre ce problème au moyen de preuves scientifiques. Lorsque nous dépassons le domaine des sens, nous nous retrouvons dans un royaume peuplé de formes et de forces prodigieuses – espace, temps, matière, énergie et peut-être une conscience infinie – le tout dans leurs conditions ultimes trop vastes pour que l'esprit fini puisse les saisir. , tous présentant des problèmes ouverts à la spéculation, mais hors de portée de la démonstration. Mais au-dessous de ces possibilités se trouvent des possibilités limitées que l'esprit humain peut maintenant être, ou devenir, capable de comprendre, et parmi celles-ci se trouve le problème que nous venons de mentionner, celui de l'existence d'un substrat spirituel dans l'homme, d'une âme capable de survivre. la mort du corps. Il s'agit d'un sujet qui nous concerne tous profondément et intimement, et il serait peut-être bon de terminer ce volume par un bref aperçu de son statut de question scientifique.

La croyance en l'immortalité de l'homme est d'origine relativement moderne. Il n'existe aucune preuve satisfaisante qu'une telle croyance ait existé parmi les anciens Juifs, ou qu'elle soit apparue en Palestine avant l'époque du Christ. Elle est apparue plus tôt en Inde et en Perse, mais partout elle est apparue tardivement en tant que doctrine bien définie. Pourtant, même si les preuves positives font défaut, il ne fait guère de doute que des idées grossières et vaguement formulées sur l'existence de l'homme après la mort ont été entretenues pendant très longtemps. Les traditions de tous les peuples qui ont une foi supérieure à celle du fétichisme contiennent des histoires d'apparition d'esprits d'origine humaine, et lorsque nous atteignons les peuples civilisés et les religions plus avancées , nous les trouvons en abondance. Les annales de la chrétienté en regorgent. Ils sont également abondants dans les centres d'autres formes de foi développées. Si nous pouvions accepter ces légendes de l'émergence des esprits à travers le mince voile qui sépare le temps de l'éternité comme des faits établis, le problème n'aurait plus besoin de solution. Cependant, dans l'état actuel des choses, la grande masse de ces récits manque absolument de preuves d'un caractère que la science puisse admettre. Ce sont des déclarations simples et sans fondement , dont des milliers seraient largement contrebalancées par une seule, renforcée par des faits démontrés. Parfois, en effet, l'histoire d'une apparition a été étudiée de près, et il existe quelques cas de ce genre transmis du passé qui semblent raisonnablement bien établis. Mais toute affirmation venant de l'époque préscientifique est sujette au doute ; les méthodes d'investigation d'alors n'étaient pas ce qu'elles sont aujourd'hui ; le dogme de l'existence de l'esprit est trop important pour être accepté sur la base de preuves incontestables, et la vaste somme de déclarations sur les apparitions qui nous sont parvenues du passé, ou des peuples non scientifiques du présent, doit être rejeté avec un seul verdict, non prouvé.

Il existe cependant un fait important lié à la question des apparences spirituelles et qui mérite d'être pris en considération. C'est une règle constante dans l'histoire des opinions que les croyances fondées sur l'imagination ou sur des idées fausses ont décliné avec les progrès des Lumières, et que de nombreuses conceptions, autrefois fortement entretenues, se sont estompées et ont disparu à la lumière d'une nouvelle pensée, ou lorsqu'elles ont été conservées, elles ont été ainsi détruites . seulement par les ignorants et les irraisonnés. Il est intéressant de constater que cela n'a pas été le cas pour la croyance aux manifestations spirituelles. Cette idée a perduré jusqu'à nos jours et, bien qu'elle soit largement soutenue par des gens inintelligents et crédules, elle peut aujourd'hui revendiquer un corps considérable d'adeptes intelligents, même dans les nations les plus éclairées. Cette croyance, connue sous le nom de spiritisme, avec les manifestations sur lesquelles elle est fondée, est donc ouverte à la recherche scientifique moderne ; et cela lui a été, dans une certaine mesure, appliqué, avec, dans divers cas, des résultats plutôt surprenants.

Il est certainement significatif de constater qu'un certain nombre de savants éminents, parfaitement compétents dans l'art de l'investigation, se sont attaqués à ce problème dans le but de l'anéantir et ont fini par être convaincus de la vérité du spiritisme. Il suffira peut-être de citer deux exemples parmi les plus frappants. Dans les premiers jours de la propagande spirite , Robert Hare, un célèbre chimiste de Philadelphie, entreprit une enquête sur les phénomènes dits spirituels dans le but déclaré de prouver qu'ils étaient frauduleux. Ses observations furent longtemps continuées, ses essais variés et délicats, et il finit par adopter lui-même avec ardeur la croyance qu'il s'était proposé d'abolir. Un peu plus tard, William Crookes, de Londres, chimiste et physicien non moins célèbre, entreprit une enquête similaire et obtint des résultats similaires. Les tests appliqués par ces hommes étaient strictement scientifiques et du caractère exhaustif suggéré par leur longue expérience dans les recherches chimiques ; et leur conversion aux principes du spiritisme, à la suite de leurs expériences, fut un triomphe marqué pour les partisans de la doctrine. On pourrait citer plusieurs autres personnes, reconnues pour leur haute intelligence, qui ont mené une enquête similaire et qui ont été converties de la même manière. Deux des plus connus d'entre eux étaient le juge Edmonds, de la cour de circuit de New York, et l'Anglais Alfred Russel Wallace, qui partagea avec Darwin l'honneur d'être à l'origine de la théorie de la sélection naturelle.

Tandis que ceux-ci, ainsi que d'autres de formation scientifique, se convertissaient au spiritisme, de nombreux chercheurs arrivèrent à une conclusion opposée, tandis qu'un résultat négatif similaire fut obtenu dans les enquêtes de plusieurs comités de scientifiques. La tentative la plus récente et la plus persistante de rechercher la réalité de phénomènes de ce caractère a été celle faite par la London Society for Psychical Research, dont les recherches se sont étendues sur des années et ont donné de nombreux résultats frappants et suggestifs. La conclusion la plus importante à laquelle les membres de cette société sont parvenus jusqu'à présent est l'hypothèse de la télépathie, ou du pouvoir apparent d'un esprit d'influencer les pensées d'un autre, parfois sur de longues distances, selon une méthode qui semble analogue à celle des communications sans fil. télégraphie. Les preuves en faveur de cette doctrine sont si nombreuses qu'elle a été assez largement acceptée, et le titre qui lui est appliqué est devenu d'usage général. Cela indique, s'il est vrai, des pouvoirs remarquables dans l'esprit de l'homme, des capacités qui semblent bien transcender celles des activités intellectuelles ordinaires.

C'est un côté du problème. L'autre côté demande maintenant une présentation. C'est que la plupart des savants rejettent catégoriquement la théorie du spiritisme et considèrent ses manifestations comme dues à la fraude, à des idées fausses, à la crédulité ou à quelque autre faiblesse à laquelle la nature humaine est sujette. En ce qui concerne les opinions auxquelles sont parvenus les savants éminents mentionnés, ces hommes sont considérés par leurs confrères du grand corps scientifique comme mentalement pervertis ou comme s'étant laissés victimiser par des imposteurs. Le fait que le professeur Crookes ait poursuivi l'un des chercheurs les plus pointus et les plus approfondis sur les phénomènes physiques, et que ses résultats dans cette direction soient acceptés sans contestation, et que le professeur Wallace soit reconnu comme l'un des principaux penseurs de la aujourd'hui, n'a pas suffi à les dissiper le doute qui repose sur leur santé mentale ou leur jugement critique dans ce domaine particulier, et la tentative même de quiconque d'enquêter sur les soi-disant manifestations spirituelles est largement considérée comme une preuve de crédulité ou de quelque sorte de preuve de crédulité. une plus grande faiblesse mentale.

Ce résultat peut paraître singulier, mais il n'est pas sans fondement. Il ne faut pas oublier que les phénomènes en question diffèrent essentiellement par leur caractère de ceux dont s'occupe habituellement la science. Le domaine de l'investigation scientifique est clairement le matériel ; les faits dont il traite sont ceux apparents aux sens, ou qui peuvent être testés par des instruments matériels ; ses découvertes ne sont généralement susceptibles que d'une seule interprétation ; ses méthodes sont susceptibles d'être répétées indéfiniment et ses résultats, s'ils sont justement interprétés, sont de caractère invariable. Aucun de ces postulats ne s'applique pleinement à la recherche spirite. Ici, les conditions diffèrent, les résultats varient, les méthodes peuvent rarement être exactement répétées, les êtres conscients, au lieu d'instruments inconscients, sont les agents employés, et les pensées et les objectifs secrets de ces agents sont très susceptibles de vicier le résultat et d'ouvrir un champ de doute qui n'existe pas dans l'investigation du monde inorganique.

C'est l'une des causes du doute des scientifiques. Ce n'est ni la seule ni la principale cause. Cette dernière est le fait que les prétentions du spiritisme élèvent l'homme dans un domaine entièrement nouveau de l'univers, l'éloignent du grand domaine matériel avec lequel il est physiquement affilié et auquel ses sens sont étroitement adaptés, et le placent dans un une région au-delà de la portée des sens, un vaste royaume qui est censé sous-tendre ou sous-tendre le physique, et que la vision ordinaire du scientifique ne parvient pas à percevoir. Il ne faut aucun effort d'imagination pour admettre l'existence d'un nouveau constituant de l'atmosphère. Il faut beaucoup d'efforts pour admettre l'existence d'un nouveau constituant de l'univers, un vaste substrat spirituel du domaine de la matière. La religion, avec ses critères idéaux, a longtemps soutenu que c'était un fait. La science, avec ses tests matériels rigides, la remet sévèrement en question et exige que l'existence d'un royaume spirituel habité soit incontestablement prouvée par des preuves scientifiques avant de pouvoir être acceptée.

Cette demande est raisonnable. Le monde devient rapidement plus scientifique, et l'ancienne méthode pour parvenir à des conclusions perd chaque jour de sa force. Les croyances fondées sur des postulats idéaux ou imaginatifs, autrefois fortes, sont aujourd'hui faibles. La foi fondée sur une autorité ancienne est toujours active, mais promet de devenir obsolète. La voie de la science est en train de devenir la voie du monde, et dans les temps à venir, les hommes intelligents exigeront sans aucun doute des preuves incontestables de tout fait qu'on leur demande d'accepter.

En ce qui concerne les phénomènes en question, on ne peut toutefois pas dire qu'ils aient été étudiés de manière équitable ou complète par les scientifiques. Ils ont été présentés comme l'œuvre de charlatans et leurs résultats apparents attribués à la fraude, à la collusion, à la crédulité et à l'oubli mental en général. Le fait que parmi les savants qui ont étudié de manière exhaustive les phénomènes spirites, un nombre considérable les ont acceptés comme valides, n'a eu aucun effet sur les savants en tant que corps, qui, en particulier, occupent la position qu'ils accusent les non-scientifiques de maintenant, celui de se faire une opinion sans enquêter sur les phénomènes.

Cette attitude du monde scientifique face à ces phénomènes problématiques est tout à fait compréhensible. Tout au long du XIXe siècle, l'attention des scientifiques s'est presque entièrement portée sur l'étude des formes et des forces de la matière, des phénomènes et des principes de l'univers visible. En cela, ils sont entrés, au début du siècle, dans un champ presque vierge, qu'ils ont exploité avec une grande diligence et avec des résultats remarquables. Il est cependant très possible qu'au XXe siècle, une telle allégeance sans réserve ne soit pas accordée aux phénomènes de la matière, mais que l'attention des scientifiques soit largement détournée du domaine d'investigation physique vers le domaine psychique, ce qui pourrait s'avérer être un problème. un domaine bien plus vaste et complexe que ce dont nous avons actuellement la moindre idée.

Les phénomènes psychiques ont attiré une certaine attention au cours du siècle dernier. Un à un, les problèmes de l'hypnotisme, de la cérébration inconsciente, de la double conscience, de la télépathie, du spiritisme, etc., tous d'abord déclarés indignes d'attention, se sont imposés à l'attention des observateurs, et chacun d'eux s'est avéré présenter des conditions qui méritent amplement d'être étudiées. Ce travail a jusqu'à présent été effectué par des individus occasionnels, mais le nombre de chercheurs en médiums expérimentaux augmente régulièrement et leur domaine de recherche s'élargit, et nous pouvons raisonnablement nous attendre à des résultats approchant, voire dépassant, en termes d'intérêt, ceux obtenus dans les recherches matérielles.

Il y a tout un monde devant nous, celui de l'esprit et de ses phénomènes, tout à fait égal en intérêt et en importance au monde de la matière, et présentant des problèmes aussi nombreux et difficiles. Jusqu'à présent, cette question a été largement abordée du point de vue idéal ou métaphysique ; ce n'est que récemment qu'il a été soumis à une analyse physique, et déjà avec des résultats frappants. Au cours du siècle qui nous attend, elle attirera probablement un cercle large et actif de chercheurs, dont il est impossible de prédire les résultats. C'est la seule façon de résoudre le problème de l'existence ou de la non-existence d'une vie spirituelle à la satisfaction des esprits scientifiques, et cette solution doit être laissée à l'avenir.

Dans le présent travail, nous nous intéressons au passé de l'homme plutôt qu'à son avenir. C'est d'où l'homme est issu, et non pas ce qu'il va faire, qui constitue le sujet de nos recherches. Nous avons été amenés à ces remarques simplement comme le résultat d'une brève considération des relations de l'homme avec l'élément spirituel de l'univers, et pouvons conclure notre travail en suggérant que le problème de l'évolution humaine peut être immensément plus grand que celui impliqué dans l'étude. de l'ascendance de l'homme.

www.ingramcontent.com/pod-product-compliance
Lightning Source LLC
LaVergne TN
LVHW042202190726
843493LV00006B/1784